全国电力行业"十四五"规划教材

职业教育物流类专业系列

物流运筹规划

主　编　任　晔　邱文严

副主编　刘　静　郭利丹

　　　　顾　彬　杜正博

编　写　肖　飒　陆光耀

　　　　张凯艺　孙永生

主　审　程晓林　王长春

中国电力出版社

CHINA ELECTRIC POWER PRESS

内 容 提 要

本书为全国电力行业"十四五"规划教材。

本书是与企业共同开发编写的数字化融媒体教材。本书主要内容包括大数据人工智能时代的决策智慧、编制物流生产计划方案、编制物资库存控制方案、编制物流资源配置方案、编制物流任务指派方案、编制车辆配装方案、编制物流运输规划方案、物流项目优化实施、物流成本预测分析 9 个项目 21 个学习任务。本书配套了丰富的教学资源库，包括微课、动画、仿真操作、工作任务单、自测题等资源，同时配套大量的软件操作视频实现物流数据处理与分析。通过思维导图导入教学任务以及完成任务对应相关知识的链接与微课；基于教学案例进入企业情境；通过工作任务驱动法，让学生以探究、合作的形式开展岗位实践活动，拓宽教学时空，提升自学能力。

本书可作为高职高专院校物流类专业教材，也可作为相关管理工作者的参考书。

图书在版编目（CIP）数据

物流运筹规划/任晔，邱文严主编 . —北京：中国电力出版社，2023.11
ISBN 978－7－5198－7485－8

Ⅰ.①物…　Ⅱ.①任…②邱…　Ⅲ.①物流－运筹学－职业教育－教材　Ⅳ.①F252

中国国家版本馆 CIP 数据核字（2023）第 217410 号

出版发行：中国电力出版社
地　　址：北京市东城区北京站西街 19 号（邮政编码 100005）
网　　址：http://www.cepp.sgcc.com.cn
责任编辑：冯宁宁（010－63412537）
责任校对：黄　蓓　李　楠
装帧设计：赵姗姗
责任印制：吴　迪

印　　刷：北京锦鸿盛世印刷科技有限公司
版　　次：2023 年 11 月第一版
印　　次：2023 年 11 月北京第一次印刷
开　　本：787 毫米×1092 毫米　16 开本
印　　张：12.75
字　　数：282 千字
定　　价：58.00 元

前　言

随着人工智能、大数据、云计算、物联网等各项技术逐渐成熟，物流的各个方面（如车辆调度、人员排班、场地选址、运力部署等）都可以通过自动化算法和智能系统来实现最优的运营和管理。运筹学是一门探寻智慧决策的科学，利用数学方法将数据转换成模型，协助经济、民政和国防等部门在内外部环境的约束条件下，制定出更加优化的决策，使系统整体有效运行。运用运筹学数学模型可以解决物流企业运营管理问题，在企业运营管理中实现物流系统的优化与重构。本教材以物流企业为主要服务对象，围绕物流典型业务场景，将物流管理专业与物流行业深度融合，培养学生利用人工智能技术优化管理水平，成为适应新时代数智化物流管理需求的高素质应用型人才。

本教材按照育人为先，求知、德技同发展原则，根据物流管理优化场景应用和学生整体、个体特质的学情分析，构建了突出立德树人、突出产教融合、突出评价导向、突出行动教学、突出实践操作的"5突出"立体化教材。本书以职业技能等级标准为依据，对接物流项目运营管理岗位技能设计教材框架和内容，将新技术、新标准、新规范、新工艺以案例形式引入教学，边讲解边操作。同时教材设置了职业技能目标、任务情境、知识学习、技能学习、任务描述、任务实施、易错点总结、任务评价等栏目，以真实案例贯穿整个职业技能训练，实现了教学做一体化。本书同时也是"岗课证赛"融通教材。内容围绕国家重大战略，以真实生产项目、典型任务、案例为载体组织教学单元。将物流项目运营管理岗位技能、职业技能竞赛、"1＋X"物流管理职业技能证书标准有关内容有机融入教材，教材具有适用性、科学性和先进性。

本书采用新型活页式教材形式，方便教师进行模块化教学、个性化授课。设计本着在技术上"够得着、学得会"，在内容上与课程衔接紧密，同时考虑职业院校学生素质能力及现状特点，强调对学习者实践能力的培养，增强学习趣味，可以快速掌握先进的技术技能。本书配套在线开放课程及相关操作视频、微课、动画、仿真操作、在线测试等，并精选部分资源，在书中以二维码的形式链接，同时配套建设云教材，学习者通过移动终端完成线下和线上学习的自由转换。同时，本教材将应急物资调配、医护人员排班、电力应急项目管理、中国桥中国路中国港等超级工程融入其中，从专业特色出发，提取爱党爱国爱人民、立心立功立言立德等教育内涵和精髓，将生动鲜活、彰显中华民族精神品格的典型思政案例，有机融入教材内容。在传授知识和培养能力的同时，激发学生爱国主义情怀，将生命教育、价值塑造等贯穿教育教学过程始终，强化立德树人的根本任务，弘扬社会主义核心价值观。

本书由郑州电力高等专科学校联合企业编写，任晔、邱文严担任主编，刘静、郭利丹［百世物流科技（中国）有限公司］、顾彬、杜正博担任副主编，肖飒、陆光耀（郑州铁路职业技术学院）、张凯艺（郑州电力高等专科学校）、孙永生参编。

本书由河南工业大学教授程晓林、百世物流科技有限公司王长春担任主审，提出了很多宝贵意见。同时，本书在编写过程中得到相关物流企业的大力支持和帮助，并借鉴了一些专家、学者的观点。在此一并致谢。

由于编者水平有限，疏漏和不当之处在所难免，敬请广大读者批评指正。

编者

2023 年 5 月

目　　录

项目一　大数据人工智能时代的决策智慧

本项目学习目标

素质目标

（1）培养提质增效的优化意识。

（2）培养资源利用的节约意识。

（3）建立物流系统的统筹规划意识。

知识目标

（1）了解物流服务师职业能力及职业标准。

（2）了解运筹学数学模型特点。

（3）理解运筹学的应用。

技能目标

（1）能够运用运筹学思想分析物流管理中的问题。

（2）能够掌握运筹学数学模型建模步骤。

任务一　透视物流服务师职业画像

近年来，中国桥、中国路、中国车、中国港、中国网等超级工程彰显了国家实力，也体现了普通劳动者不畏艰险、埋头苦干、开拓进取的伟大奋斗精神。在这些劳动者中也有物流人的身影。其中，在众多工程或项目中有一个非常重要的职业：物流服务师。

一、职业名称

物流服务师：职业编码 04-02-06-03

职业定义：在生产、流通和服务领域中，从事物品采购、货运代理、物流信息服务，并组织进行仓储运输、配送包装、装卸搬运、流通加工等工作的人员。

对应岗位名称：仓管员、配送员、调度员、装卸搬运员、物流专员、物流项目管理员等。

技能等级：根据《国家职业技能标准》，该职业共设三个等级，分别为：三级/高级工、二级/技师、一级/高级技师。

主要工作任务

（1）确定采购方式，编制采购计划与预算，选择、管理供应商，实施采购操作并制定采购风险应对措施。

（2）处理物品仓储入库、在库、出库等业务，缮制仓储单据，分析仓储业务需求，进行仓库选址；能制定仓储与配送安全应急预案并组织实施；能制定仓储与配送业务运营绩效指标并实施绩效评估。

（3）选择运输方式，并估算运输成本、计算运费、缮制运输单据，优化运输方案；能分析运输业务需求，能选择运输方式，能设计运输节点及线路；能制定运输安全应急预案并组织实施。

（4）根据生产流程和厂区的地理特性进行生产物流布局，实施并监控生产物流流程。

（5）针对货物的国际运输需求，缮制国际单证，处理订舱（或签订协议）、换单和货物交付业务，处理事故与争议。

（6）根据企业需求，规划、运用、维护物流管理信息系统，组织实施物流信息化方案可行性论证。

（7）能进行物流数据预处理，能应用数据挖掘技术进行物流业务预测、规划及调度。

二、 物流项目管理岗位职责及岗位标准

1. 物流项目运营管理岗位职责及标准

物流项目运营管理是指对物流活动进行计划、组织、指挥、协调、控制和监督，使各项物流活动实现最佳的协调与配合，以降低物流成本，提高物流效率和经济效益。

仓储部主要
管理职责

岗位描述

物流项目运营管理岗位职责主要是物流项目的日常管理和异常处理，沟通协调各支持部门保障项目运营，共同输出优质服务。主要包括：

（1）负责公司物流项目管理工作，组建并负责物流团队的管理、人员管理。

（2）负责监控、核对、分析、管理日常物流数据。

（3）优化各项作业流程，提升物流运作效率与质量。

（4）负责设置场内物流模式，根据现场反馈优化布局等规划，方便操作。

（5）控制物流成本的前提下制定物流计划、车辆需求量以及运输计划安排和执行。

（6）负责新项目前期筹建包含项目选址、仓库设备选型、物流供应商遴选等。

岗位标准（主要职责、工作依据）

（1）运输和仓储成本符合企业目标。

（2）保证日常操作顺畅有效。

（3）提供实时管理和作业报告，保持计算机系统和手工操作系统数据精确。

（4）组织并调动团队充分执行目标要求的任务。

（5）确保物流项目各项资源配置的最优组合。

2. 仓储管理部职业岗位标准

（1）仓储管理部经理职业岗位标准：

岗位描述

高效利用仓库，保证物资安全；积极配合相关物流服务部门提高物流服务质量。

岗位标准（主要职责、工作依据）

职责一：制定仓储计划，保证仓库有效、安全运营。

职责二：部门的日常管理工作。

职责三：负责与其他部门交接工作。

工作责任

1）保证仓储货物的安全，仓库的有效利用。

2）对因仓储不善造成的损失负责。

（2）入库管理员职业岗位标准：

岗位描述

监督指挥仓库员工作，帮助其顺利完成货物入库前准备、验收、堆垛，办理手续的工作流程，并合理调派搬运工、理货员，做好组织、协调工作，提高其工作效率。

岗位标准（主要职责、工作依据）

职责一：做好物资入库工作。

职责二：入库人员指派工作。

工作依据：公司仓储管理制度，仓库防火安全管理制度。

工作责任

1）保证物资能够及时入库。

2）负责物资的验收。

3）保证入库物资数量、品种正确，没有不合格物资入库。

（3）仓库管理员职业岗位标准：

岗位描述

合理储备货物，确保货物的及时供应，加速周转，尽量减少损耗，降低成本。

岗位标准（主要职责、工作内容）

职责一：负责物资的验收入库。

职责二：负责仓库物资的保管养护。

职责三：负责出库作业管理。

工作依据：公司仓储管理制度，仓库防火安全管理办法。

工作责任

1）对在库货物的损毁负责。

2）对在库货物账实不符负责。

（4）出库管理员职业岗位标准：

岗位描述

完成出库作业，做好出库交接。

岗位标准（主要职责、工作依据）

职责一：在出库过程中，选用搬运工具与调派工作人员，并安排工具使用时间，以及人员的工作时间、地点、班次等。

职责二：严格按照出库凭证发放货物，做到账、卡、物相符。

职责三：严格对货物进行复查，当出库货物与所载内容不符合时及时处理。

职责四：视具体情况，对出库货物进行加工包装或整理。

职责五：货物出库装车时，负责监督装车数量和装车质量，安排装货顺序，避免货物混乱。

职责六：根据需要申请车辆、机械驾驶员、理货员和装卸工人，向上级主管提出建议。

工作依据：公司仓储管理制度，仓库作业制度，仓库管理办法。

工作责任

1）保证物资能够及时出库。

2）负责物资的验收。

3）保证出库物资数量、品种正确，没有不合格物资出库。

（5）仓储信息员职业岗位标准：

岗位描述

有效维护仓储管理系统，并提供最新、最准确的信息给客户。

岗位标准（主要职责、工作依据）

职责一：负责仓库的日常维护、盘点工作。

职责二：负责库房账目的维护及信息系统的更新，各类日常报表及信息的传递。

工作责任

对信息传递中的失误负责。

（6）理货员职业岗位标准：

岗位描述

完成货物保管、验收、提货、包装等各项货物管理工作。

岗位标准（主要职责、工作依据）

职责：根据要求做好货物整理、拣选、配货、包装及货物交接、验收、整理、堆码等工作。

工作依据：公司仓储管理制度。

工作责任

1）对理货过程中货物的损毁负责。

2）对在库货物的损坏负责。

（7）保管员职业岗位标准：

岗位描述

保证在库货物不发生数量、质量、包装、配件方面的问题。

岗位标准（主要职责、工作依据）

职责：负责在库货物的养护工作。

工作依据：公司仓储管理制度，仓库防火安全管理制度。

工作责任

1）对出入库过程中货物的损毁负责。

2）对在库货物的损坏负责。

3．货运部岗位职责及标准

（1）货运部经理职业岗位标准：

岗位描述

根据公司制定的货运部年度工作计划，完成货运部经营和工作目标。

岗位标准（主要职责、工作依据）

职责一：负责对公司公路运输工作的整体运营进行有效的管理和监控。

职责二：处理各种突发事件。

职责三：管理部门的日常工作。

工作依据：公司工作计划、公路运输制度，ISO 标准。

工作责任

对未完成的运输目标负责。

（2）车辆调度员职业岗位标准：

岗位描述

按照操作部的计划，及时安排性能状况好的车辆。

岗位标准（主要职责、工作依据）

职责一：调度管理工作

职责二：处理日常调度工作。

职责三：运输单据的传递及费用结算。

工作依据：调度部、运输部规章制度及流程，运输票据传递制度。

工作责任

1）对货物装载合理性负责。

2）对资源分配合理性负责。

3）对车辆运行情况负责。

配送部主要
管理职责

4．配送部职业岗位标准

（1）配送部经理职业岗位标准：

岗位描述

指导和管理区域内的配送项目实施状况。

岗位标准（主要职责、工作依据）

职责一：负责区域物流配送及相关业务的协调与编制。

职责二：建设并管理配送团队。

工作依据：配送管理文件、配送技术控制规则，公司下发的物流管理办法（战略及管理方法）和其他指导性文件。

工作责任

1）对未完成所负责操作的项目指标负责。

2）对未按要求完成公司下达的管理要求负责。

（2）接单员职业岗位标准：

岗位描述

及时、准确、有效地接收、处理客户订单。

岗位标准（主要职责、工作依据）

职责一：通过电话、传真或电子数据交换等方式接收客户的订单资料。

职责二：确认客户的信用和订单的其他内容，包括订货的种类、数量、配送时间、价格、包装等。

职责三：将订单按照确认后的交易类型进行分类，以便区别处理。

职责四：设计订单档案资料内容，建立用户订单档案。

职责五：对订货进行存货查询，并根据查询结果进行库存分配。

职责六：计算拣取的标准时间。

职责七：根据订单安排出货时程和拣货顺序。

职责八：根据输出单据进行出货物流作业，了解订单处理状态的信息情况，进行及时的反馈。

工作依据：订单情报处理制度，商品交运控制制度，公司配送管理制度。

工作责任

对订单处理过程中出现的问题责任。

（3）盘点员职业岗位标准：

岗位描述

确定库存量，修正料账不符产生的误差；计算企业的损益并稽核货物管理的绩效，使出入库的管理方法和状态变得清晰。

岗位标准（主要职责、工作依据）

职责：对在库商品进行盘点作业。

工作依据：公司配送管理制度。

工作责任

对盘点作业中的失误负责。

（4）拣（分拣）货员职业岗位标准：

岗位描述

正确而迅速地把客户所需要的商品集中起来。

岗位标准（主要职责、工作依据）

职责：做好拣货工作。

工作依据：公司配送管理制度。

工作责任

对拣货作业中的失误负责。

（5）配货员职业岗位标准：

岗位描述

把拣取分类完成的货物经过配货检查后，装入容器和做好标示，再运到配货准备区，待装车后发送。

岗位标准（主要职责、工作依据）

职责：熟悉货物品名、规格、类别及其特性，做到配货准确、及时。

工作依据：配送管理制度，配送技术控制准则。

工作责任

对配货的准确性、及时性负责。

（6）补货员职业岗位标准：

岗位描述

根据经验和方法，在库存低于最优库存水平时发出存货再订购指令，以确保存货中每一种产品都在目标服务水平下达到最优库存水平。

岗位标准（主要职责、工作依据）

职责：做好补货作业。

工作依据：配送管理制度，配送技术控制准则。

工作责任

对未能及时、准确完成补货作业负责。

任务二　探秘物流运筹规划方法和工具

一、什么是运筹学

运筹学一门基础性的应用学科，主要研究系统最优化的问题。通过对实际问题的分析，建立数学模型并求解，为管理人员作决策提供科学依据。运筹学英文名称是 Operational Research（缩写为 OR），直译是运作研究，运筹学是 OR 的意译，取自成语"运筹帷幄之中，决胜于千里之外"，具有运用筹划，出谋献策，以策略取胜等内涵。

二、运筹学分析步骤

运筹学作为一门用来解决实际问题的学科，在处理千差万别的各种问题时，一般有以下几个步骤：

1. 分析问题和收集数据

运筹学小组要向管理者咨询、鉴别所要考虑的问题以及确定研究的合理目标。运筹学分析的第一步是分析问题和收集数据，对现有系统进行详细分析，通过分析找到影响系统的最主要的问题。运筹规划肯定离不开数据分析，有的数据可以直接帮助形成分析报告，也有的数据是作为仿真模拟的输入。通过分析，明确系统或组织的主要目标，找出系统的主要变量和参数，收集相关数据，弄清数据的变化范围、相互关系以及对系统目标的影响。另外，还要分析解决该问题的可能性和可行性。一般需要进行以下分析：

（1）技术可行性——明确是否有现成的运筹学方法可以用来解决存在的问题。

（2）经济可行性——分析开展研究的成本是多少，需要投入什么样的资源，预期效果如何。

（3）操作可行性——分析研究的数据和参与研究的人员，各方面的配合如何，研究能否顺利进行。

通过以上分析，可对研究的困难程度，可能发生的成本，可能获得的成功和收益做到心中有数，使研究的目的更加明确。

2. 根据问题，构建数学模型

模型建立是运筹学分析的关键步骤。运筹学模型一般是数学模型或模拟模型，并以数学模型为主。人们在构造模型时，往往要根据一些理论的假设或设立一些前提条件来对模型进行必要的抽象和简化。人们对问题的理解不同，根据的理论不同，设立的前提条件不同，构造的模型也会不同。在处理管理实际问题中，一般没有一个唯一正确的模型，而是有多种不同的处理方案。因此，建立模型既要有理论作指导，又要靠不断的实践来积累建模的经验。由于实际问题与认知之间存在差异，模型往往要经过多次修改才能在允许的限度内符合实际情况。简单的模型可以用一般的数学公式表示，复杂的模型由于必须借助于计算机求解，还必须表达为相应的计算机程序。

一个典型的模型包括以下组成部分：

（1）确定的决策变量。影响问题的决策方案，需要通过求解模型而确定。

（2）目标函数。反映决策目标的目标函数。

（3）约束条件。一组反映系统复杂逻辑和约束关系的约束方程。

3. 模型求解和检验

数学模型的解，即可选择的行动方案。通过对模型的试验求解，人们可以发现模型的结构和逻辑错误，并通过一个反馈环节退回到模型建立和修改阶段。模型结构和逻辑上的问题解决之后，通过收集数据、数据处理、模型生成、模型求解等过程得到了模型的最优解。值得强调的是，由于模型和实际之间存在的差异，模型的最优解并不一定是真实问题的最优解。只有模型相当准确地反映实际问题时，该解才是趋近于实际最优解的近似。模型建成之后，它所依赖的理论和假设条件合理性，以及模型结构的正确性都要通过试验进行检验。首先检验求解步骤和程序有无错误，然后检查数学模型的解是否反映现实问题。

4. 结果分析和方案实施

运筹学分析的最后一步是获取分析的结果并将之付诸实施。即选择最优方案，即决策，并将其用到实际中去。运筹学研究的最终目的是要提高被研究系统的效率，绝不能把运筹学分析的结果理解为仅仅是一个或一组最优解，它也包括了获得这些解的方法和步骤，以及支持这些结果的管理理论和方法。通过分析，要使管理人员与运筹学分析人员对问题取得共识，并使管理人员了解分析的全过程，掌握分析的方法和理论，并能独立完成日常的分析工作，这样才能保证研究分析成果的真正实施。必要时对模型进行修正。

三、物流运筹规划方法

物流是一个复杂系统，节点种类很多，在服务不同的商业形态或者行业的时候功能各不相同。比如从环节角度看，有供应功能，有分销配送功能，有生产供给功能等，从属性看，有战略储备功能，有快速补给功能，有中转功能等。物流行业的特征有涵盖行业面广、专业深、学科交叉多、系统复杂等，物流规划的类型也繁多，从供应链角度可以细分到不同的物流环节，从企业分类角度可以分出至少几十种类型，从物流功能的角度可以做多种拆分，从创新应用的角度也是与时俱进。因此物流规划的涉及面很广阔，如何利用物流专业知识和经验进行物流规划，需要从聚焦问题、精确定位、搭建结构、特征分析、归纳推理、数据建模、解决方案，这几个步骤出发去考虑。将运筹思想和物流项目实践进行深度结合，比如选址、网络布局、路径优化及资源配置相关的内容，就需要进行构建数学模型求解，得到相对比较精确的结果，也可以通过规划工具的应用来进行求解和可视化呈现。

第四产业-数据业

物流运筹学就是用运筹学的方法解决物品流通过程中的优化处理问题，是基于运筹学方法的基础上结合物流特点而产生的。运筹学作为物流学科体系的理论基础之一，其作用是提供实现物流系统优化的技术与工具，是系统理论在物流中应用的具体方法。具体应用方向包括：

1. 数学规划论

数学规划论主要包括线性规划、整数规划、目标规划和动态规划。研究内容与生产活动中有限资源的分配有关，在组织生产的经营管理活动中，具有极为广泛的应用。规划论可以解决物流作业和管理中资源和分配有限的人力、物力和财力等资源。从各种可行的分配方案中，找出能使他们充分发挥潜力、达到目标为最大或最小的物流系统最优化问题。具体来讲，线性规划可解决物资调运、配送等问题，其中最明显的应用是运输问题，物流配送点间的物资调运和车辆调度时运输路线的选择、配送中心的送货、逆向物流中产品的回收等，求得运输所需时间最少或路线最短或费用最省的路线。整数规划可以求解完成工作所需的人数、机器设备台数和物流配送中心任务、人员的指派问题；动态规划可用来解决诸如最优路径、资源分配、生产调度、设备更新等问题。

2. 图论

智慧物流必备的十大物流技术

图论是应用非常广泛的运筹学分支，比如通信线路的架设、输油管道的铺设、铁路或公路交通网络的合理布局等问题，都可以应用图论的方法简便、快捷地加以解决。运用图论的最短路径问题、网络计划等知识，可以解决许多物流工程项目和管理决策的最优问题，比如城市中的交通问题、工厂布局、设备更新、项目施工优化等问题。

学习运筹学的目的在于学会用运筹学的方法解决实践中的管理问题，注重学以致用，很多实际问题利用人工计算要经过长时间的艰苦工作才能完成甚至根本无法求解，但若使用运筹学软件则瞬间就能解决。因此在学习过程中不仅要掌握运筹学的基本理论和计算方法，还要充分利用现代化的手段和技术。

数智化物流-不可避免的战争

微软的电子表格软件（Microsoft Excel）为展示和分析许多运筹学问题提供了一个功能强大而直观的工具，它现在已经被应用于管理实践中。

要使用 Excel 中，应首先安装 Microsoft Office，然后从屏幕上左下角的开始 - 程序中找到 Microsoft Excel 并启动。在 Excel 中的主菜单中点击"工具"→"加载宏"，选择"规划求解"，在"数据分析"工具菜单栏中即可找到"规划求解"。

任务三　揭秘运筹学应用场景

一、历史中的运筹故事

田忌赛马的故事大家都听说过，有一场著名的战役—桂陵之战正是把握住战争的终极目标，巧妙利用赛马策略赢了战局。

公元前 354 年，魏国以庞涓为将率军伐赵，兵围邯郸。次年，邯郸在久困之下已岌岌可危，而魏军因久攻不下，损失也很大。齐国应赵国的要求，以田忌为将，孙膑为军师，率军击魏救赵。孙膑令一部轻兵乘虚直趋魏都大梁，而以主力埋伏于庞涓大军归途必经的桂陵之地。魏国因主力远征，都城十分空虚。魏惠王见齐军逼近，急令庞涓回师自救。刚刚攻下邯郸的庞涓闻大梁告急，急率疲惫之师回救。

相传当时庞涓将魏军分为上、中、下三军扑向齐军。田忌想起赛马的事，打算用同样的办法迎敌。孙膑说，作战不是赛马只需拼个输赢，而是要消灭敌人的有生力量。于是，他把齐军也分成三队，以中军对战魏国的上军，下军对战魏国的中军，这两军并不急于决战，主要是牵制对手；以自己上军的优势兵力对战魏国的下军，速战速决；得胜后的上军会同下军会战魏国的中军并将其歼灭；最后，将得胜的上军和下军与中军合兵一处决战魏国的上军。桂陵会战，魏军遭到齐军迎头痛击，几乎全军覆灭，庞涓侥幸逃脱。这便是历史上著名的"桂陵之战"。

由上述案例可见，再好的战术也要有明确的目标，运筹帷幄的前提和核心就是界定问题、准确把握目标。

🌱 **素养成长园地**

历史故事

| 田忌赛马 | 沈括运军粮 | 范蠡卖马 |

二、生活中的运筹案例

我们日常生活中也处处充满运筹学的智慧应用。比如超市购物排队选择问题：排队人数、收银员熟练程度、购物车商品多少、支付方式等等，都是我们的选项，但是哪个是最优选项呢？你思考过吗？

学霸舍友的故事屡见不鲜，你知道在复习考试中需要用到哪些运筹学知识吗？

复习考试
中的运筹学

超市排队
问题

三、 管理中的运筹案例

（1）生产计划的制定。如在现有的资源约束条件下确定生产计划，以谋求总利润最大或总成本最小。

（2）物流运输管理。如确定合理的调运方案、运输路线或运输工具，使总运输成本最小或运输效率最高。

（3）存储管理。如分析物资的供需特性，确定合理的物资存储水平。

（4）市场营销管理。即将运筹学的有关理论用于广告预算、媒介选择、产品定价、销售计划的制定等。

（5）财务管理。用运筹学的方法解决如资金预算、资产分配、金融投资项目选择等。

（6）人事管理。如对人员的需求进行预测分析，确定合理的人员编制，根据现有人员合理地进行人员分配。

在物流行业，运筹学的优化思想更是无处不在。港口调度问题、产品组合问题、配送路线优化问题、配送中心选址问题等等。

四、 物流配送中的运筹学技术

"运筹"就是"运算"和"筹划"的意思。从古代"孙子兵法"到现代"超级工程"乃至个人行动，无处不渗透着运筹思想。当今最新科技给予了"运筹"所要求的数据和计算环境等强有力的支撑，使得"运筹学"成了科学决策的有效工具。

随着市场经济的发展和物流技术专业化水平的提高，物流配送业得到了迅猛发展。配送与先进的现代信息技术、数学模型与工具紧密结合，运用各种优化方法对配送中各个环节进行管理和决策，使其实现最佳的协调与配合，以适应现代综合物流的大批量化、共同化的特点，从而减少流通环节，降低物流成本，提高物流效率和经济效益。

在物流配送系统中，大量的数据信息是不稳定的，不仅随时间波动，而且还依赖于气象和经济条件。因此，配送中各项活动的决策，需要实时地分析各种条件，并在最短时间内，给出最佳实施方案。诸如配送中心选址、配载、装箱、运输资源的使用、配送路线的选择等，都需要优化。下面让我们了解一下物流配送中的运筹学技术。

1. 配送路线优化问题

配送路线是各送货车辆向各个用户送货时所要经过的路线。配送路线的确定是否科学合理，对配送速度、配送成本和配送效益有直接影响，在配送环节中，配送路线的优化是一个重要问题。在一般情况下，配送时间短、成本低、准确性高、运力利用合理是考虑合理配送的主要目标，它集中地体现了货物配送的经济效益。物流分析中，在一对多收发货点之间存在着多种可供选择的配送路线的情况下，应综合考虑，权衡利弊，选择合理的配送方式并确定最佳配送路线。在具体求解时，可借助图与网络分析的方法解决，如最小生成树、最短路、最大流、最小费用最大流等，求得配送时间最少或路线最短或费用最省的路径。

目前，阿里巴巴菜鸟系统以及京东物流配送系统在配送路线优化方面都有了自己独特的设计。通过人工智能和机器学习，通过大量的数据模拟配送行为和数百亿的历史地址库进行匹配，预测出配送最优路线，在配送的最后一公里，还可以根据配送包裹量、交通状况、天气状况等因素对配送的数量和配送范围进行动态调整。统计表明，合理安排配送线路可以帮助用户仅用 60%～70%的资源（车辆、人力）就可以完成原配送工作量。

2. 电子化配车系统

在物流配送系统中，必然涉及货物配载问题，如何组织货物配装来充分利用车辆的有效空间是提高运输效率和减少物流配送系统运输费用的重要因素。

国内一些知名企业的物流管理系统已经开始运用优化软件对物流活动进行控制。例如海尔集团与中国海洋大学合作开发的电子化配车系统，利用动态规划原理，动态划分车厢空间，按照实际业务的约束条件进行优化计算，使车辆装载的空间利用率达到最优。海尔物流在运用该系统后，节省了近十个人员岗位，效益突出：过去采用手工方式配载时，车辆的利用情况在 60%～85%之间，采用电子化配车优化系统后，车辆空间利用率在 70%～90%之间，可以把车辆配载的优化提高 5%～10%，运输成本降低5%～10%，提高了配载的准确率，同时提高了工作效率。

3. 配送中心选址中的 0-1 规划问题

物流配送中心是为满足用户需要，利用订货、储存、包装、加工、配送、运输、结算和信息处理等手段和设施，在供应到消费过程中实现调节跟踪服务的主体机构。配送中心的布局和选址，对配送中心功能的发挥和综合效益的影响极大。配送中心选址方法，是在依据选址的一般原则的基础上，如与城市总体布局相协调、与道路交通规划和综合货运网络发展相适应、利用现有设施节约建设投资等，确定备选地址，以获得最大综合效益为目标，建立物流配送中心布局和选址模型，并通过模型求解确定物流配送中心的最佳选址位置。

通过应用现代科学技术和数学方法与手段，借助数学模型和数学工具，对企业物流活动进行决策、预测和控制，进而实现了真正有效的科学管理，并且在物流配送系统中各个方面都已经实现了很好的应用，直接为客户带来了经济上的利益。

物流配送中的
运筹技术

五、 全球运筹管理

全球运筹管理就是将全球不同地理位置的原材料、制造能力、劳动力以及市场做最好的组合，以达到最有效率的目的。全球运筹是一种跨国界的供应链之资源整合模式，在多国规划并执行企业运筹管理活动，包括产品的设计、开发、制造、仓储运送到市场营销和客户服务等，来提高顾客满意程度和服务水平，并降低成本，以增加市场竞争力，进而达成企业之利润目标。进一步而言，全球运筹的内涵即是将物流、信息流、商流、资金流透过采购、仓储、生产、配销、门店库存、门店营业等供应链管理，使制造、销售与维护管理以全球性的眼光形成最佳组合的生产管理模式，并通过快速响应系统掌握消费市场信息，以有效掌握商机并提升竞争力。

全球运筹管理（Global Logistics Management）概念之兴起与全球产业发展趋势密不可分。由于产品生命周期变短，消费者对产品功能或特征走向多样化，且对交货的时间与质量更加严格，也因此造成企业营运成本不断提高，企业为了能更接近市场、迅速地服务顾客，必须进行全球化的市场营销，并且思考如何能以最低成本，且在最短的时间内，设计生产出符合顾客需求的产品，并正确无误地送达顾客所指定之地点。因此全球运筹已成为不可避免的趋势与潮流。

什么是全球运筹管理

现代物流是经济的"经脉"，一头连着生产、一头连着消费，是延伸产业链、提升价值链、打造供应链的重要支撑。我国建成了全球最大的高速铁路网、高速公路网、世界级港口群、航空海运通达全球，中国高铁、中国路、中国桥、中国港、中国快递成为靓丽的中国名片。规模巨大、内畅外联的综合交通运输体系有力服务支撑了我国作为世界第二大经济体和世界第一大货物贸易国的运转。交通运输缩短了时空距离，加速了物资流通和人员流动，有力促进了城乡一体化进程，不仅有力保障了国内国际循环畅通，也为世界经济发展作出了重要贡献。

"人享其行、物畅其流"初步实现，物流大国正向物流强国迈进，一个流动的中国正彰显出繁荣昌盛的活力。

🌱 **素养成长园地**

拓展阅读–电力工程中的运筹学

拓展阅读–航天工程中的运筹学

素养成长园–从物流大国到物流强国

13

项目二　编制物流生产计划方案

本项目学习目标

素质目标

树立前瞻规划意识，培养节约资源意识，培养规则意识。

知识目标

学会建立简单的线性规划模型，掌握线性规划的规划求解步骤。

技能目标

能够用 Excel 求解线性规划，能够用线性规划灵活解决企业实际问题。

任务一　制定总成本最小的船队编制方案

职业技能目标

通过任务训练，使学生能够掌握船舶类型及编队方式，针对企业实际船舶编队问题进行优化分析，给出最佳编队方案。

任务情境

海洋运输又称"国际海洋货物运输"，是国际物流中最主要的运输方式。它是指使用船舶通过海上航道在不同国家和地区的港口之间运送货物的一种方式，在国际货物运输中使用最广泛。国际贸易总运量中的 2/3 以上，中国进出口货运总量的约 90% 都是利用海上运输。海运较其他运输方式，具有运量大、运距长、成本低和低碳环保等优点，是国际贸易往来最主要的运输方式。海运代理是指在合法的授权范围内接受货主的委托并代表货主办理有关海运货物的报关、交接、仓储、调拨、检验、包装、装箱、转运、订舱等业务。货运代理服务通常是以客户指示为出发点，接受进出口货物收货人或发货人的委托，以委托人名义或以自己名义，为委托人办理国际货物运输及相关业务（报关、交接、仓储、调拨、检验、包装、转运、订舱等），岗位职责就是不断地满足客户的需要，针对客户业务需求制定货运策略，以时效最快、成本最省的运输方式，选择货运运输的最优方案，完成货运代理业务规划。

任务描述

复兴速达物流公司货运代理部与某集团公司签订了一份货运代理合同，分别经由两条航线进行运输，其中甲航线的合同货运量为 200 千吨，乙航线的货运量为 400 千吨。中外运有各种类型的船只，船舶类型及数量见表 2-1-1。计划期内各航线船队类型、货运量、货运成本见表 2-1-2。船队编制方式不同，产生的货运成本不同，请编制船舶运输方案，使得既能完成合同任务，又使总货运成本最小。

表 2-1-1　　　　　　　　　　　　　船舶类型及数量　　　　　　　　　（单位：艘）

船舶种类	拖轮	A 型驳船	B 型驳船
船舶数量	30	34	52

表 2-1-2　　　　　　　　　各航线船队类型、货运量及货运成本

航线	船队类型	编队形式			货运成本（千元/队）	货运量（千吨）
		拖轮	A 型驳船	B 型驳船		
甲	F1	1	2	—	36	25
	F2	1	—	4	36	20
乙	F3	2	2	4	72	40
	F4	1	—	4	27	20

任务分解

本项任务共分 4 个部分完成，每一部分均包含 3 个步骤。一是针对船队编制现状进行调研，分析船队编制的重要性及不合理的排班带来的危害，可分为制定调研方案，采用文献调研法、实地调研法等实施调研，最后撰写调研报告；二是针对实际任务利用线性规划进行建模，明确决策变量、任务目标及受到的约束条件，约束条件可以是等式或不等式；三是用 EXCEL 规划求解工具完成数学模型的数据分析任务，具体包括录入数学模型相关数据，在 EXCEL 中输入目标函数及约束条件公式，并进行规划求解；四是船队编制决策方案分析，首先对可行方案进行对比分析，然后结合企业实际情况选择最优方案，并在系统进行虚拟仿真操作，最后给出决策方案及建议。船队编制任务分解单如图 2-1-1 所示，请参考任务分解单，完成船队编制方案。

船队编制问题

【知识学习】线性规划数学模型

一、什么是线性规划

规划论，又称为数学规划，是运筹学的一个分支，是研究对现有资源进行统一分配、合理安排、合理调度和最优设计以取得最大经济效果的数学理论方法。

线性规划（Linear Programming，简称 LP）是规划论的一个重要分支，主要解决两个方面的规划问题：

1. 目标任务确定

如何统筹安排，精心策划，用最少的资源来完成这个任务。比如目标成本确定，如何投入最少的人力、物力等资源去完成目标的问题。

船队编制现状	数学建模	EXCEL数据分析	船队编制方案
船队编制 存在问题	定义决策变量	录入数据	可行性方案分析
↓	↓	↓	↓
船队编制方法	定义目标函数	规划求解	最优方案分析
↓	↓	↓	↓
船队编制优化建议	定义约束条件	决策分析	决策方案及建议
软件及工具	软件及工具	软件及工具	实施方案及物化成果
网络搜索工具	EXCEL函数调用	规划求解工具	判断是否最优方案
小组分工协作	运输问题建模	模型参数设置	决策方案分析
撰写调研报告	等式或不等式	选择单纯线性规划	误差检验

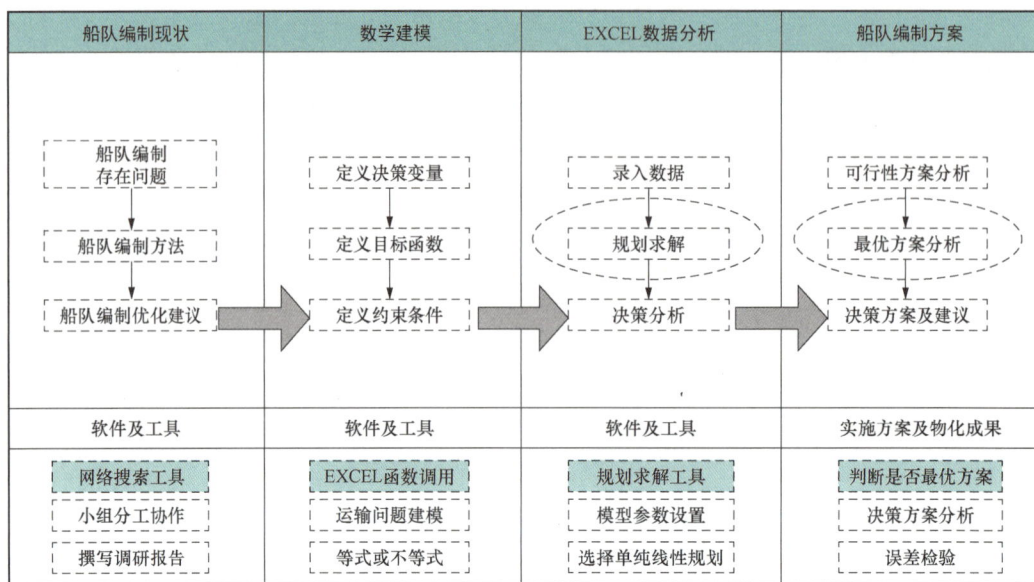

图 2 - 1 - 1 船队编制任务分解单

2. 资源数量确定

如何最大限度地发挥这些资源的作用，去完成尽可能多的任务。比如在有限的人力、物力等资源条件下求解利润最大化问题。

线性规划可总结为：在满足既定目标的要求下，按照某一衡量指标寻求最优方法的问题。将必须满足的既定目标的要求称为约束条件，将衡量指标称为目标函数。用数学语言来描述即为：求目标函数在一定约束条件下的极值问题。

"线性"是用来描述在两个或多个变量之间的关系是直接成正比例的。线性规划的基本特点是模型中的线性函数，约束条件、目标函数与决策变量之间均构成正比例关系，即约束条件和目标函数的表达式都是线性函数。因此，线性规划问题还可以描述为：在一组线性约束条件的限制下，求一线性目标函数的极值问题。

在解决实际问题时，把问题归结成线性规划数学模型是关键步骤，也是最困难的一步，决策变量选择是否恰当，模型建立得是否合理，直接影响到求解。

在电子技术高度发展的信息社会，现在对于成千上万个约束条件和约束变量的线性规划问题在计算上已然不是问题。因此，线性规划在经济管理、工程设计和过程控制等方面都有着广泛应用。

二、线性规划数学模型

线性规划数学模型主要包括以下五个关键元素：

1. 决策变量

决策变量是指实际决策问题中有待确定的未知因素，也称为可控因素。例如，决定企业经营目标（利润、成本等）的产品和数量。一个模型的决策变量的多少，决定于所要决策问题需控制的精

线性规划
数学模型

确程度。要求控制的程度越精确，则需考虑的因素和约束条件越多。模型的变量越多，就越能反映实际问题，但模型的求解也越复杂。

2. 目标函数

线性规划模型的目标函数是指结合决策问题的实际目标来确定模型的目标函数。比如在经济管理问题中，以利润最大、成本最低、距离最短、时间最少等为目标函数，一般都是求解极值问题。

3. 约束条件

线性规划模型的约束条件是指实现实际问题目标的限制性因素。如设备使用能力、原材料耗用数量、车辆运输能力、送货时间约束等等。不同的作业环境和可利用的资源条件是有差异的，要结合实际问题的限制因素来确定约束条件。

4. 可行解

满足所有约束条件的决策变量为线性规划模型的可行解。

5. 最优解

满足目标函数的可行解为线性规划模型的最优解。

依据五个关键要素可以给出线性规划模型的明确定义：线性规划是求一组决策变量的值，在满足所有约束条件下，使得目标函数达到极值。

6. 线性规划标准型

线性规划模型有多种形式，函数有的要求实现最大化，有的要求最小化；约束条件可以是"$\geqslant$"，也可以是"$\leqslant$"，还可以是"$=$"，这种多样性给解析问题带来不便。为了便于讨论其一般解法，我们通常将线性规划问题的约束条件归结为线性方程和一组非负性限制条件，并且对目标函数统一成求最大值，也就是说，将线性规划问题的数学模型化成如下形式，并称它为线性规划问题的标准形式

$$\max Z = \sum_{=1}^{n} c_j x_j$$
$$\text{s. t. } j a_{ij} x_j = b_i \quad (i = 1, 2, 3, \cdots, m)$$
$$x_j \geqslant 0 \quad (j = 1, 2, 3, \cdots, n)$$

任何非标准形式的线性规划问题都可以转化成上述标准形式。

求解函数的最小值 MinZ 可转化为 Max（-Z）。

不等式约束

$$j \sum_{j=1}^{n} a_{ij} x_j \leqslant b_k$$

可转化为

$$\sum_{j=1}^{n} a_{ij} X_j + X_{n+p} = b_k, X_{n+p} \geqslant 0$$

不等式约束

$$\sum_{j=1}^{n} a_{ij} X_j \geqslant b_k$$

可转化为

$$\sum_{j=1}^{n} a_{ij}X_j - X_{n+q} = b_k, X_{n+q} \geqslant 0$$

这里增添的变量 X_{n+p} 和 X_{n+q} 称为松弛变量。以下讨论线性规划问题时以标准型为主。

【技能学习】线性规划问题数据处理与分析

实验名称：线性规划问题的 Excel 建模求解。

实验目的：掌握在 Excel 中建立线性规划和求解的方法。

实验内容：求解下列线性规划。

$$\max Z = 2x_1 + x_2$$
$$5x_2 \leqslant 15$$
$$6x_1 + 2x_2 \leqslant 24$$
$$x_1 + x_2 \leqslant 5$$
$$x_1, x_2 \geqslant 0$$

第一步：建立数学模型，定义决策变量，即为黄色区域，如图 2-1-2 所示。

第二步：输入模型中的工艺系数（约束条件中常数系数）、价值系数（目标函数中常数系数）如图 2-1-2 所示。

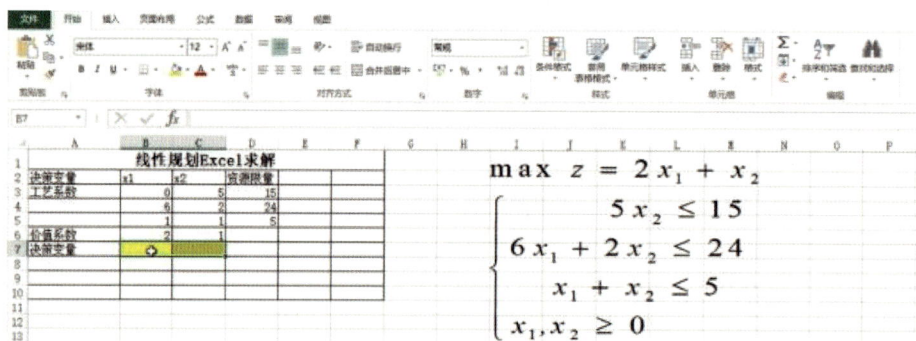

图 2-1-2 决策变量、工艺系数及价值系数

第三步：输入约束条件公式。

约束条件公式为工艺系数与决策变量对应相乘求和，使用；函数为 SUMPRODUCT。约束条件公式如图 2-1-3 所示。

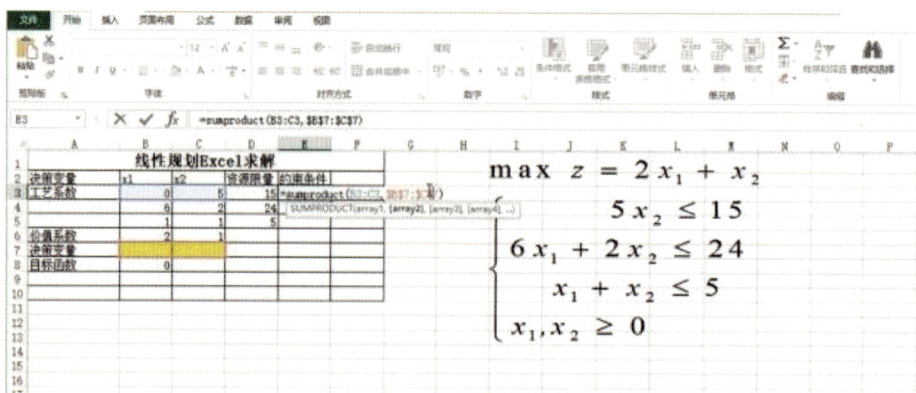

图 2-1-3 约束条件公式

18

第四步：设置规划求解参数。

选择目标函数单元格，选择最大值；可变单元格为决策变量所在单元格；添加约束条件；"选项"中选择"假定非负"和"单纯线性规划"，其他采用默认选项。规划求解参数设置如图 2-1-4 所示。

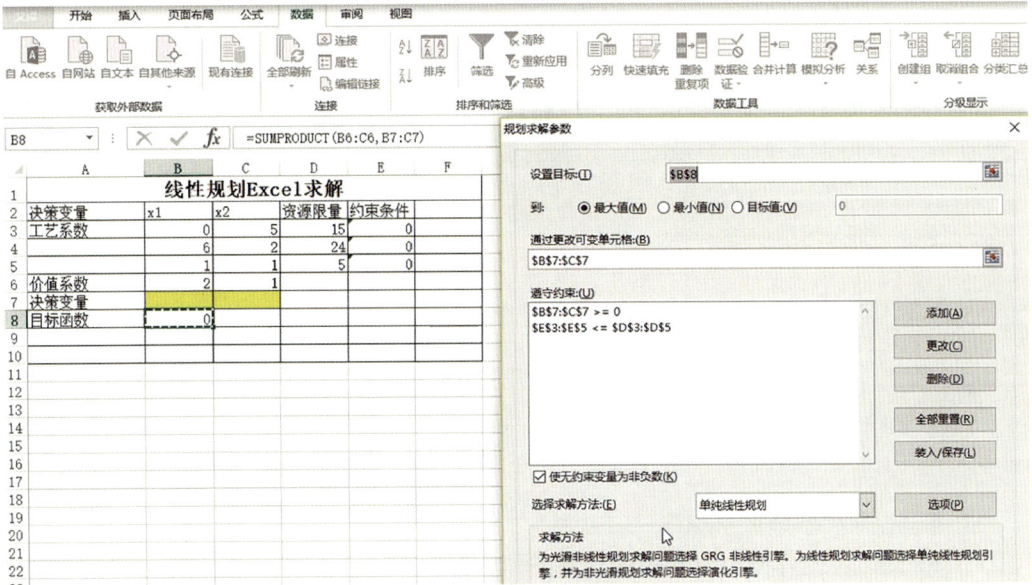

图 2-1-4　规划求解参数设置

第五步：规划求解。

单击"求解"按钮，可以求出线性规划最优解。规划求解最优解如图 2-1-5 所示。

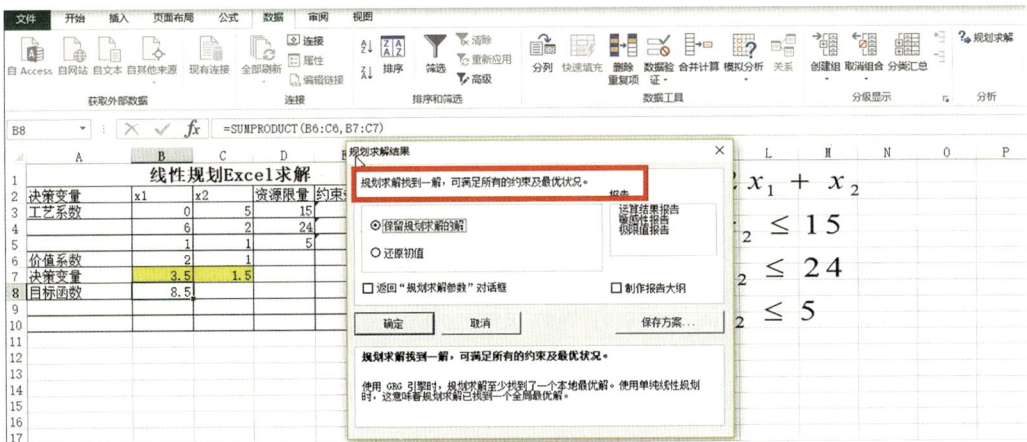

图 2-1-5　规划求解最优解

步骤一：实析任务真调研。

请同学们秉承求真务实的态度针对船队编制意义及现状进行调研，可选取一家企业或多家企业完成调研任务。船队编制任务调研表见表2-1-3。

表2-1-3 船队编制任务调研表

调研内容	调研方案	撰写报告
船队编制意义		
船队编制方式		课前自主完成
船队编制现有优化算法		

步骤二：学思践悟定模型。

引导问题1：此任务中要解决的问题是什么？（   ）

A. 确定甲、乙航线船队类型

B. 确定甲、乙航线船队货运量

C. 确定甲、乙航线船队成本

D. 确定甲、乙航线船队数量

引导问题2：此任务中目标函数是什么？（   ）

A. 甲航线货运成本最小

B. 乙航线货运成本最小

C. 甲、乙航线总货运成本最小

引导问题3：在进行船队编制的时候受到哪些约束？（   ）

A. 编制船队中拖轮数量总和小于30

B. 编制船队中A型驳船数量总和小于34

C. 编制船队中B型驳船数量总和小于52

D. 甲航线货运量总和等于合同运货量200千吨

E. 乙航线货运量总和等于合同运货量400千吨

步骤三：巧用工具析数据。

请同学们利用规划求解工具完成复兴速达物流公司船队编制方案数据分析。

第一步：EXCEL中录入数学模型参数系数，如图2-1-6所示。

第二步：定义决策变量单元格，决策变量如图2-1-7所示。此模型决策变量数量为4个，黄色单元格。

第三步：定义目标函数。

目标函数公式为价值系数与决策变量对应相乘求和，使用函数为SUMPRODUCT。

船队编制问题数据分析

目标函数如图 2-1-8 所示。

航线	船队类型	编队形式			货运成本（千元/队）	货运量（千吨）	船队数量（队数）	甲、乙两航线合同量	甲、乙两航线合同量
		拖轮	A型驳船	B型驳船					
甲	F1	1	2	0	36	25		200	
	F2	1	0	4	36	20			
乙	F3	2	2	4	72	40		400	
	F4	1	0	4	27	20			
拖轮、A型驳船、B型驳船数量		28	30	52					
拖轮、A型驳船、B型驳船数量									
目标函数-最小货运成本									

图 2-1-6　数学模型参数系数

航线	船队类型	编队形式			货运成本（千元/队）	货运量（千吨）	船队数量（队数）	甲、乙两航线合同量	甲、乙两航线合同量
		拖轮	A型驳船	B型驳船					
甲	F1	1	2	0	36	25		200	
	F2	1	0	4	36	20			
乙	F3	2	2	4	72	40		400	
	F4	1	0	4	27	20			
拖轮、A型驳船、B型驳船数量		28	30	52					
拖轮、A型驳船、B型驳船数量									
目标函数-最小货运成本									

图 2-1-7　决策变量

航线	船队类型	编队形式			货运成本（千元/队）	货运量（千吨）	船队数量（队数）	甲、乙两航线合同量	甲、乙两航线合同量
		拖轮	A型驳船	B型驳船					
甲	F1	1	2	0	36	25		200	
	F2	1	0	4	36	20			
乙	F3	2	2	4	72	40		400	
	F4	1	0	4	27	20			
拖轮、A型驳船、B型驳船数量		28	30	52					
拖轮、A型驳船、B型驳船数量									
目标函数-最小货运成本	=SUMPRODUCT(F4:F7,H4:H7)								

图 2-1-8　目标函数

第四步：定义约束条件。

分别计算周一到周日所需人数约束公式。拖轮数量约束公式，如图 2-1-9 所示。

A 型驳船数量约束公式，如图 2-1-10 所示。

航线	船队类型	编队形式			货运成本（千元/队）	货运量（千吨）	船队数量（队数）	甲、乙两航线合同量	甲、乙两航线合同量
		拖轮	A型驳船	B型驳船					
甲	F1	1	2	0	36	25		200	
	F2	1	0	4	36	20			
乙	F3	2	2	4	72	40		400	
	F4	1	0	4	27	20			
拖轮、A型驳船、B型驳船数量		28	30	52					
拖轮、A型驳船、B型驳船数量		=SUMPRODUCT(C4:C7,H4:H7)							
目标函数-最小货运成本		SUMPRODUCT(array1, [array2], [array3], [array4], ...)							

图 2-1-9　拖轮数量约束公式

21

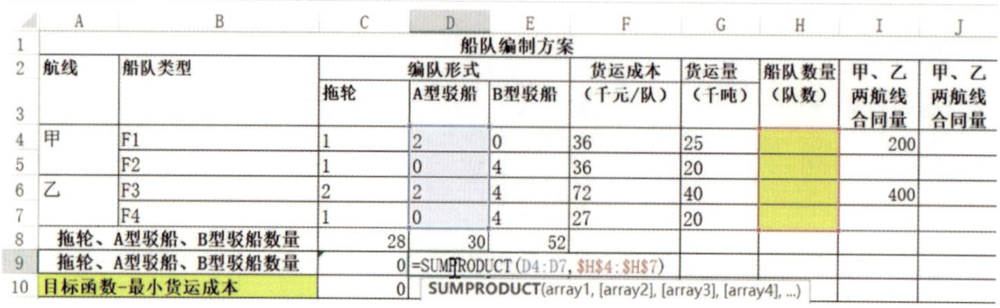

图 2-1-10　A 型驳船数量约束公式

B 型驳船数量约束公式，如图 2-1-11 所示。

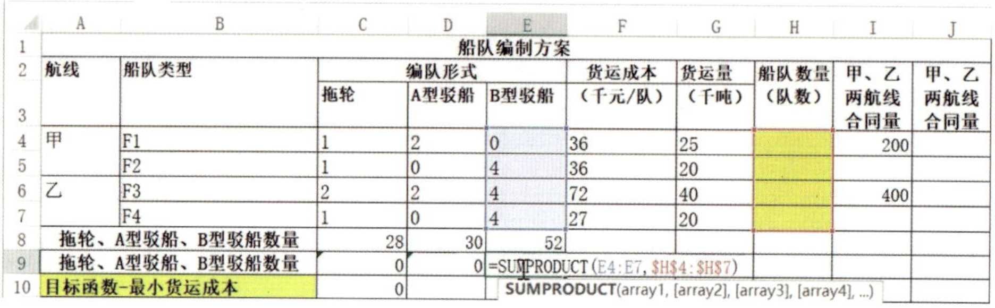

图 2-1-11　B 型驳船数量约束公式

甲航线合同数量约束公式，如图 2-1-12 所示。

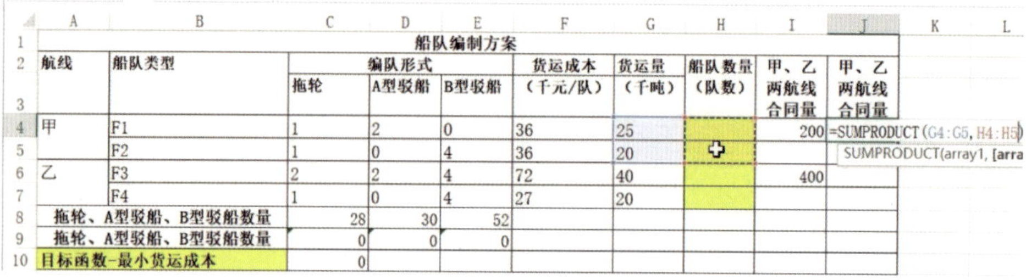

图 2-1-12　甲航线合同数量约束公式

乙航线合同数量约束公式，如图 2-1-13 所示。

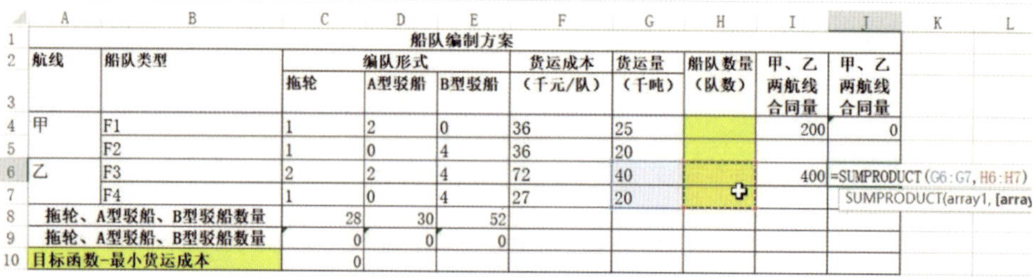

图 2-1-13　乙航线合同数量约束公式

第五步：规划求解。

选择目标函数单元格；选择决策变量单元格为可变单元格；添加约束条件；选择

"单纯线性规划"。规划求解参数设置，如图 2-1-14 所示。

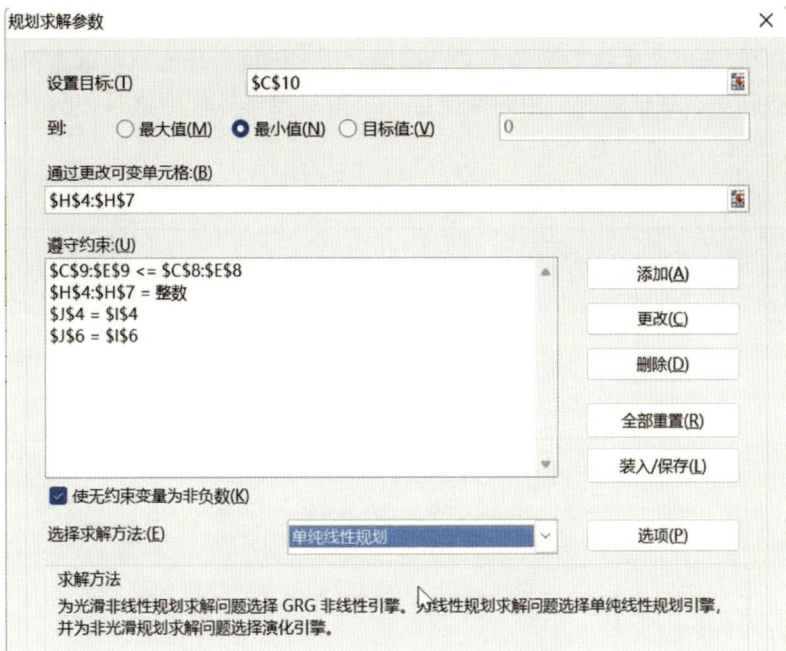

图 2-1-14　规划求解参数设置

第六步：求解最优解。船队编制方案最优解，如图 2-1-15 所示。

图 2-1-15　船队编制方案最优解

步骤四：践行方案育匠心。

请同学们秉承守正创新的态度针对船队编制方案进行决策分析，撰写任务决策方案。船队编制方案决策分析表见表 2-1-4。

表 2-1-4　　　　　　　　　船队编制方案决策分析表

工作内容	工作步骤	完成要求
船队编制任务决策分析	（1）可行解分析 （2）最优解分析	分组协作完成
船队编制任务优化建议	（1）节约成本 （2）创新意识 （3）合理组合	

任务实现的关键在于决策变量定义、数据分析准确度。任务执行效率高的关键在于 Excel 中函数调用、数据强制引用的操作技巧。请对照任务标准进行评分，完成船队编制方案检查记录工作单，见表 2-1-5。

表 2-1-5   船队编制方案检查记录工作单

检查项目	评分标准	任务标准							记录评分

模型检查 (20分) 栏评分标准：

(1) 决策变量 (10 分)
(2) 目标函数 (5 分)
(3) 约束条件 (5 分)

任务标准：

决策变量：

首先依据问题定义决策变量：xi 为第 i 类型船队的队数，$i=1，2，3，4$，如表所示：

航线	船队类型	编队形式			货运成本（千元/队）	货运量（千吨/队）	船队数量
		拖轮（只/队）	A 型驳船（只/队）	B 型驳船（只/队）			
甲	F1	1	2	—	36	25	X1
	F2	1	—	4	36	20	X2
乙	F3	2	2	4	72	40	X3
	F4	1	—	4	27	20	X4

目标函数：根据企业需求定义目标函数：总货运成本最小。

z 为总货运成本

则：$\min z = 36x_1 + 36x_2 + 72x_3 + 27x_4$

约束条件：

$$\begin{cases} x_1 + x_2 + 2x_3 + x_4 \leqslant 30 \\ 2x_1 + 2_3 \leqslant 34 \\ 4x_2 + 4x_3 + 4x_4 \leqslant 52 \\ 25x_1 + 20x_2 = 200 \\ 40x_3 + 20x_4 = 400 \\ x_j \geqslant 0 \ (j=1，2，3，4) \end{cases}$$

EXCEL 数据分析检查 (30分)：

(1) 模型数据录入准确 (10 分)
(2) 决策变量单元格定义准确 (10 分)
(3) 约束条件及目标函数公式准确 (10 分)

	A	B	C	D	E	F	G	H	I
1	船队编制方案								
2	航线	船队类型	编队形式			货运成本	货运量	船队数量	
3			拖轮	A型驳船	B型驳船	（千元/队）	（千吨）		约束条件4,5
4	甲	F1	1	2	0	36	25	8	200
5		F2	1	0	4	36	20	0	
6	乙	F3	2	2	4	72	40	7	400
7		F4	1	0	4	27	20	6	
8	约束条件1,2,3		28	30	52				
9	目标函数-最小货运成本	954							

检查项目	评分标准	任务标准	记录评分
规划求解检查（50分）	（1）目标值（最大或最小）选择（20分）（2）准确且完整添加约束条件（20分）（3）选择单纯线性规划（10分）	船队最优编制方案为：甲航线需 F1 船队，船队数量为 8 队，共计使用拖轮 8 只，A 型驳船 16 只，完成货运量 200 千吨；乙航线需两种船队类型，其中 F3 船队数量为 7 队，共计使用拖轮 14 只，A 型驳船 14 只，B 型驳船 28 只；F4 船队数量为 6 队，共计使用拖轮 6 只，B 型驳船 24 只，乙航线完成货运量为 400 千吨	

根据执行任务中出现的问题，精心提炼并记录易错点及改进要点，填入船舶编制方案易错点总结，见表 2-1-6。为进一步的学习积累经验，小组负责人签字。

表 2-1-6　　　　　　　　　船舶编制方案易错点总结

工作分工	工作内容	工作步骤	易错点总结	改进要点
小组名称	建立数学建模	（1）定义决策变量（2）定义目标函数（3）定义约束条件		
	EXCEL 数据分析	（1）决策变量单元格（2）约束条件（3）目标函数		
	最优方案分析	（1）可行解（2）最优解		

按照数学建模、数据分析和职业素养进行检查，在考核评价表格中进行记录、评分。评分采取扣分制，每项扣完为止。船舶编制方案考核评价表，见表 2-1-7。

表 2-1-7　　　　　　　　　船舶编制方案考核评价表

项目名称	评价内容	分值	评价分数		
			自评	互评	师评
职业素养考核项目 40%	穿戴规范、整洁	6分			
	安全意识、责任意识、节约意识	6分			
	积极参加教学活动，按时完成学生工作活页	10分			
	团队合作、与人交流能力	6分			
	劳动纪律	6分			
	生产现场管理 7S 标准	6分			
专业能力考核项目 60%	数学建模	20分			
	数据分析	30分			
	优化决策	10分			
	总分				
总评	自评（20%）+互评（20%）+师评（60%）	综合等级	教师（签名）：		

2013年"一带一路"倡议提出后，中欧班列就被纳入"一带一路"框架。自那时起，中欧班列就维持着快速发展的势头，不断开拓新的线路和站点。2022年，中欧班列已经铺画出78条运行线路，通达欧洲23个国家的180个城市，还创造出累计开行突破5万列、运送货物超455万标箱、货值达2400亿美元的好成绩。站点的不断增加，极大便利了中国与"一带一路"沿线国家在贸易领域的互联互通。为确保国际产业链供应链稳定畅通、构建新发展格局作出积极贡献。中欧班列乘风破浪，开辟了欧亚大陆"一带一路"沿线国家新的陆路运输和国际贸易通道，成为"一带一路"建设的亮丽名片，奏响了中国与世界各国合作发展的新乐章。

乘风破浪的
中欧班列

任务二　制定总人数最少的人员排班方案

职业技能目标

通过任务训练，使学生能够掌握不同企业人员排班方式，针对企业实际排班问题进行优化分析，给出最佳排班方案。

任务描述

复兴速达物流公司对装卸搬运人员需求统计见表2-2-1。为了保证装卸人员充分休息，每周工作5天，休息2天，并要求休息的两天是连续的。请制定总人数最少的装卸搬运人员安排方案。

表2-2-1　　　　　　　　　　装卸搬运人员需求统计

时间	所需装卸人数	时间	所需装卸人数
星期日	28	星期四	19
星期一	15	星期五	31
星期二	24	星期六	28
星期三	25		

任务分解

本项任务共分4个部分完成，每一部分均包含3个步骤。一是针对人员排班现状进行调研，分析人员排班的重要性及不合理的排班带来的危害，可分为制定调研方案，采用文献调研法、实地调研法等实施调研，最后撰写调研报告；二是针对实际任务利用线性规划进行建模，明确决策变量、任务目标及受到的约束条件，约束条件可以是等式或不等式；三是用 EXCEL 规划求解工具完成数学模型的数据分析任务，具体包括录入数学模型相关数据，在 EXCEL 中输入目标函数及约束条件公式，并进行规划求解；四是人员排班决策方案分析，首先对可行方案进行对比分析，然后结合企业实际情况选择最优方案，并在系统进行虚拟仿真操作，最后给出决策方案及建议。人员排班任务分解单如图 2-2-1 所示，请参考任务分解单，完成人员排班方案。

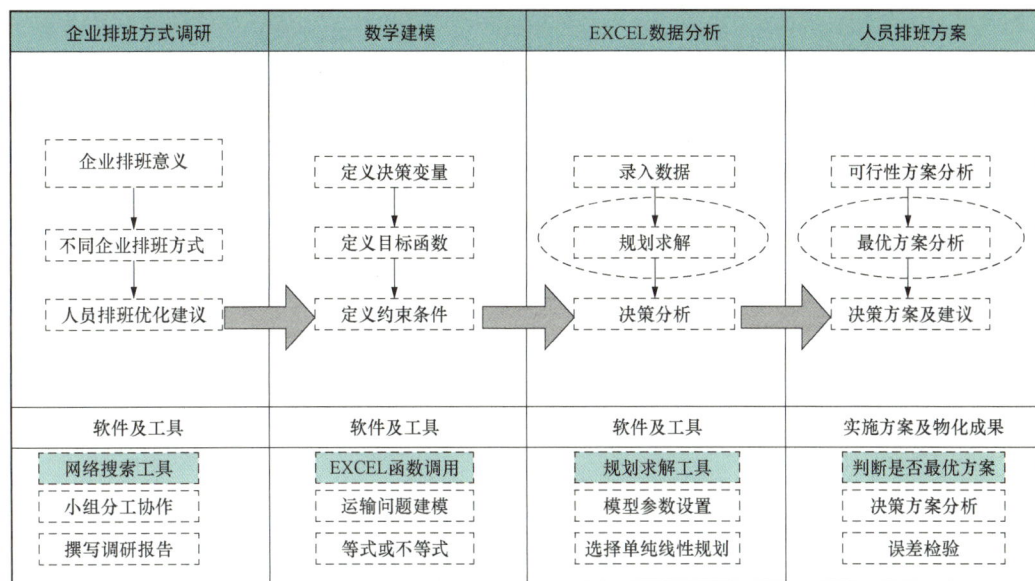

企业排班方式调研	数学建模	EXCEL数据分析	人员排班方案
企业排班意义	定义决策变量	录入数据	可行性方案分析
不同企业排班方式	定义目标函数	规划求解	最优方案分析
人员排班优化建议	定义约束条件	决策分析	决策方案及建议
软件及工具	软件及工具	软件及工具	实施方案及物化成果
网络搜索工具	EXCEL函数调用	规划求解工具	判断是否最优方案
小组分工协作	运输问题建模	模型参数设置	决策方案分析
撰写调研报告	等式或不等式	选择单纯线性规划	误差检验

图 2-2-1　人员排班任务分解单

🔧 **任务实施**

步骤一：实析任务真调研。

请同学们秉承求真务实的态度针对人员排班意义及现状进行调研，可选取一家企业或多家企业完成调研任务。人员排班任务调研表见表 2-2-2。

表 2-2-2　　　　　　　　　人员排班任务调研表

调研内容	调研方案	撰写报告
人员排班意义		
人员排班方式		课前自主完成
人员排班现有优化算法		

步骤二：学思践悟定模型。

引导问题1：此任务中要解决的问题是什么？（　　）

A. 确定每天上班的人数　　　　　　　　B. 确定每天开始上班的人数

C. 确定周一到周日上班总人数

引导问题2：此任务中目标函数是什么？（　　）

A. 周一到周日上班最少总人数　　　　　　B. 每天上班最少人数

C. 排班总人数最少

引导问题3：在进行人员排班的时候受到哪些约束？（　　）

A. 满足每天人数需求

B. 满足七天总人数需求

C. 不受任何约束

D. 以上都不对

装卸搬运人员
排班方案

步骤三：巧用工具析数据。

请同学们利用规划求解工具完成复兴速达物流公司装卸搬运任务数据分析。

第一步：EXCEL中录入数学模型参数系数，如图2-2-2所示。

决策变量	X1	X2	X3	X4	X5	X6	X7	资源限量
工艺系数	0	1	1	1	1	1	0	28
	0	0	1	1	1	1	1	15
	1	0	0	1	1	1	1	24
	1	1	0	0	1	1	1	25
	1	1	1	0	0	1	1	19
	1	1	1	1	0	0	1	31
	1	1	1	1	1	0	0	28
价值系数	1	1	1	1	1	1	1	

图2-2-2　数学模型参数系数

第二步：定义决策变量单元格。

此模型决策变量数量为7个，即黄色单元格显示区域。决策变量，如图2-2-3所示。

决策变量	X1	X2	X3	X4	X5	X6	X7	资源限量	约束条件
工艺系数	0	1	1	1	1	1	0	28	0
	0	0	1	1	1	1	1	15	0
	1	0	0	1	1	1	1	24	0
	1	1	0	0	1	1	1	25	0
	1	1	1	0	0	1	1	19	0
	1	1	1	1	0	0	1	31	0
	1	1	1	1	1	0	0	28	0
价值系数	1	1	1	1	1	1	1		
决策变量									
总人数	0								

图2-2-3　决策变量

第三步：定义目标函数。

目标函数公式为价值系数与决策变量对应相乘求和，使用函数为 SUMPRODUCT。目标函数公式，如图 2-2-4 所示。

	A	B	C	D	E	F	G	H	I	J
1					人员排班问题Excel求解					
2	决策变量	X1	X2	X3	X4	X5	X6	X7	资源限量	约束条件
3	工艺系数	0	1	1	1	1	1	0	28	0
4		0	0	1	1	1	1	1	15	0
5		1	0	0	1	1	1	1	24	0
6		1	1	0	0	1	1	1	25	0
7		1	1	1	0	0	1	1	19	0
8		1	1	1	1	0	0	1	31	0
9		1	1	1	1	1	0	0	28	0
10	价值系数	1	1	1	1	1	1	1		
11	决策变量									
12	=SUMPRODUCT(B10:H10, B11:H11)									

图 2-2-4　目标函数公式

第四步：定义约束条件。

分别计算周一到周日所需人数约束公式，约束条件公式如图 2-2-5 所示。

	A	B	C	D	E	F	G	H	I	J	K	L
1					人员排班问题Excel求解							
2	决策变量	X1	X2	X3	X4	X5	X6	X7	资源限量	约束条件		
3	工艺系数	0	1	1	1	1	1	0	=SUMPRODUCT(B3:H3, $B$11:$H$11)			
4		0	0	1	1	1	1	1	15	0		
5		1	0	0	1	1	1	1	24	0		
6		1	1	0	0	1	1	1	25	0		
7		1	1	1	0	0	1	1	19	0		
8		1	1	1	1	0	0	1	31	0		
9		1	1	1	1	1	0	0	28	0		
10	价值系数	1	1	1	1	1	1	1				
11	决策变量											
12	目标函数	0										

图 2-2-5　约束条件公式

第五步：规划求解。

选择目标函数单元格；选择决策变量单元格为可变单元格；添加约束条件；选择"单纯线性规划"。规划求解参数设置如图 2-2-6 所示。

第六步：求解最优解，人员排班方案最优解如图 2-2-7 所示。

装卸搬运任务最优指派方案：周一初始上班人数为 8 人，周二新上班人数 12 人，周三不新增人数，周四新上班人数 11 人，周五新安排人数 5 人，周六、周日不新安排人。周一到周日安排的最少总人数为 36 人。

步骤四：践行方案育匠心。

请同学们秉承守正创新的态度针对人员排班方案进行决策分析，撰写任务决策方案。人员排班方案决策分析表，见表 2-2-3。

图 2-2-6 规划求解参数设置

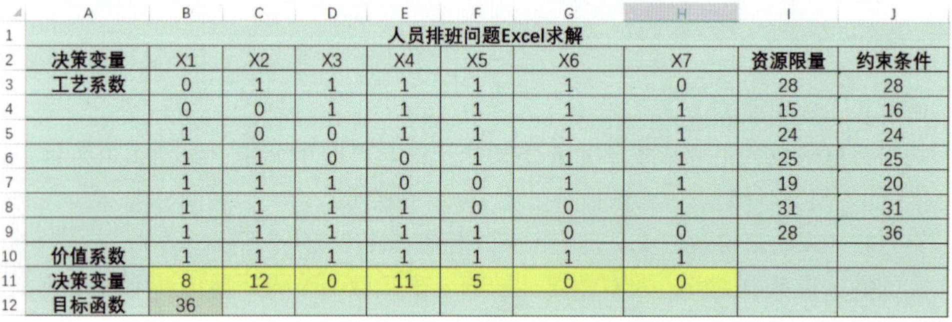

图 2-2-7 人员排班方案最优解

表 2-2-3　　　　　　　　　　　人员排班方案决策分析表

工作内容	工作步骤	完成要求
人员排班任务决策分析	（1）可行解分析 （2）最优解分析	课后自主完成
人员排班任务优化建议	（1）节约人力成本 （2）人文关怀精神 （3）避免过度劳累	

任务评价的重要性，任务实现的关键在于决策变量定义、数据分析准确度；任务执行效率高的关键在于 EXCEL 中函数调用、数据强制引用的操作技巧。请对照任务标准进行评分，完成人员排班方案检查记录工作单，见表 2-2-4。

表 2-2-4 　　　　　　　　人员排班方案检查记录工作单

检查项目	评分标准	任务标准	记录评分
模型检查（20分）	（1）决策变量（10分） （2）目标函数（5分） （3）约束条件（5分）	定义决策变量： 从周一开始排班的装卸人员人数为 $x1$， 从周二开始排班的装卸人员人数为 $x2$， 从周三开始排班的装卸人员人数为 $x3$， 从周四开始排班的装卸人员人数为 $x4$， 从周五开始排班的装卸人员人数为 $x5$， 从周六开始排班的装卸人员人数为 $x6$， 从周日开始排班的装卸人员人数为 $x7$。 定义目标函数： 目标函数为总安排人数的最小值，即 $\text{Min}z = x1 + x2 + x3 + x4 + x5 + x6 + x7$ 定义约束条件： 依据每天所需人数，可知约束条件如下： $x1 + x4 + x5 + x6 + x7 >= 15$ $x5 + x6 + x7 + x1 + x2 >= 24$ $x6 + x7 + x1 + x2 + x3 >= 25$ $x7 + x1 + x2 + x3 + x4 >= 19$ $x1 + x2 + x3 + x4 + x5 >= 31$ $x2 + x3 + x4 + x5 + x6 >= 28$ $x3 + x4 + x5 + x6 + x7 >= 28$	
EXCEL 数据分析检查（30分）	（1）模型数据录入准确（10分） （2）决策变量单元格定义准确（10分） （3）约束条件及目标函数公式准确（10分）		
规划求解检查（50分）	（1）目标值（最大或最小）选择（20分） （2）准确且完整添加约束条件（20分） （3）选择单纯线性规划（10分）		

根据执行任务中出现的问题，精心提炼并记录易错点及改进要点，填入人员排班方案易错点总结，见表2-2-5。为进一步的学习积累经验，小组负责人签字。

表2-2-5 人员排班方案易错点总结

工作分工	工作内容	工作步骤	易错点总结	改进要点
小组名称	建立数学建模	（1）定义决策变量		
		（2）定义目标函数		
		（3）定义约束条件		
	EXCEL数据分析	（1）决策变量单元格		
		（2）约束条件		
		（3）目标函数		
	最优方案分析	（1）可行解		
		（2）最优解		

按照数学建模、数据分析和职业素养进行检查，在考核评价表格中进行记录、评分。评分采取扣分制，每项扣完为止。人员排班方案考核评价表，见表2-2-6。

表2-2-6 人员排班方案考核评价表

项目名称	评价内容	分值	评价分数		
			自评	互评	师评
职业素养考核项目40%	穿戴规范、整洁	6分			
	安全意识、责任意识、节约意识	6分			
	积极参加教学活动，按时完成学生工作活页	10分			
	团队合作、与人交流能力	6分			
	劳动纪律	6分			
	生产现场管理7S标准	6分			
专业能力考核项目60%	数学建模	20分			
	数据分析	30分			
	优化决策	10分			
总分					
总评	自评（20%）+互评（20%）+师评（60%）	综合等级	教师（签名）：		

电力调度人员
排班方案

快递小哥当选二十大代表

"快递小哥"宋学文亮相二十大"党代表通道"。在回答记者提问时,宋学文表示,快递行业在这十年间飞速发展,给大家生活带来了便利,人们对网购的需求更多样化,对快递服务品质的要求也更高,快递员这个职业也获得了更多的尊重和认可。

宋学文从一个普通的快递员小哥,通过兢兢业业地认真工作,变成全国劳动模范,变成全国优秀共产党员,变成2022年北京冬残奥会火炬手,变成党的二十大代表。从获得"全国五一劳动奖章"到当选党的二十大代表,宋学文的励志人生令人感佩。据报道,宋学文送快递11年,累计配送了30余万件包裹,行程超过32万千米,零差评、零投诉、零安全事故。这就应了一句话:只要踏实劳动、勤勉劳动,做好的每一件事终将汇聚成不平凡的人生。

素养成长园-快递小哥当选二十大代表

项目三 编制物资库存控制方案

本项目学习目标

素质目标

(1) 树立齐平如衡，天下为公的辩证思维。

(2) 培养解决供需矛盾的责任和智慧。

知识目标

(1) 学会建立运输规划模型。

(2) 掌握特殊运输规划问题。

技能目标

(1) 能够用 EXCEL 求解运输规划。

(2) 能够用运输规划灵活解决企业实际问题。

任务一 总费用最小的电力设备生产存储问题

职业技能目标

通过训练，使学生能够将生产存储问题转换成运输问题进行优化分析。使学生能够在 EXCEL 上录入企业实际任务相关数据，利用规划求解工具完成决策变量、目标函数、约束条件公式的定义和录入，能够完成电力设备生产存储方案的优化和实施。

任务情境

电力行业的物资是电力工业生产过程所需的必要储备，电力物资管理是一门科学、系统、细致的工作，是电力企业生产管理中的一个重要环节，合理的生产和存储对于加速资金周转，降低生产成本，节约和合理使用物资具有非常重要的意义。

电力企业在生产经营的过程中，普遍存在一些闲置物品，通常大量积压存储在企业的仓库里，闲置资产设备的有效合理利用是考量一个企业内部控制水平的有效衡量标准。近年来，我国始终提倡合理优化企业的资源配置，充分鼓励企业合理安排生产和存储计划，以有效节省资金、节约成本，提升企业竞争力。

任务描述

某电力设备制造厂根据合同要从当年起连续三年各提供三种规格型号相同的大型电站

设备 5 台。已知该厂这三年内生产大型电站设备的能力及每套电站设备成本见表 3-1-1。

表 3-1-1 电站设备成本

年度	正常生产时间内可完成的电站设备数（台）	加班生产时间内可完成的电站设备数（台）	正常生产时每套成本（万元）
1	2	3	50
2	4	2	60
3	1	3	55

已知加班生产时，每套电站设备成本比正常生产时高出 7 万元，又知造出来的电站设备如当年不交货，每套每积压一年造成积压视为 4 万元。在签订合同时，该厂已积压了 2 套未交货的电站设备，而该厂希望在第三年末完成合同后还能储存一套备用。问该厂如何安排每年电站设备的生产量，使在满足上述各项要求的情况下，总的生产费用为最少？

任务分解

本项任务共分 4 个部分完成，每一部分均包含 3 个步骤。一是针对电力设备生产和存储现状进行调研，分析不合理的生产计划带来的危害，可分为制定调研方案、采用文献调研法、实地调研法等实施调研，最后撰写调研报告；二是针对实际任务利用运输规划进行建模，明确决策变量、任务目标及受到的约束条件，约束条件可以是等式或不等式；三是用 EXCEL 规划求解工具完成数学模型的数据分析任务，具体包括录入数学模型相关数据，在 EXCEL 中输入目标函数及约束条件公式，并进行规划求解；四是决策方案分析，首先对可行方案进行对比分析，然后结合企业实际情况选择最优方案，并在系统进行虚拟仿真操作，最后给出决策方案及建议。电力设备生产存储任务分解单如图 3-1-1 所示。

【知识学习】供需平衡下的资源调度

一、 运输规划数学模型

运输问题（Transportation Problem，简记为 TP）是一类特殊的线性规划问题。最早是从物资调运工作中提出来的，主要解决的问题是：把某种产品从若干个产地调运到若干个销地，使得总运输费用最小的方案。其中，每个产地的供应量与每个销地的需求量已知，各地之间的运输单价已知。是一种典型的多点对多点的运输问题，是物流优化管理的重要内容之一。

制定电力设备生产存储计划

某农产品供销社从两个产地 A1、A2 将农产品运往三个销地 B1、B2、B3，各产地的产量（t）、各销地的销量（t）和各产地运往各销地每吨农产品的运费（元/t）。各产地产量及销量情况表 3-1-2，问应如何调运可使总运输费用最小？

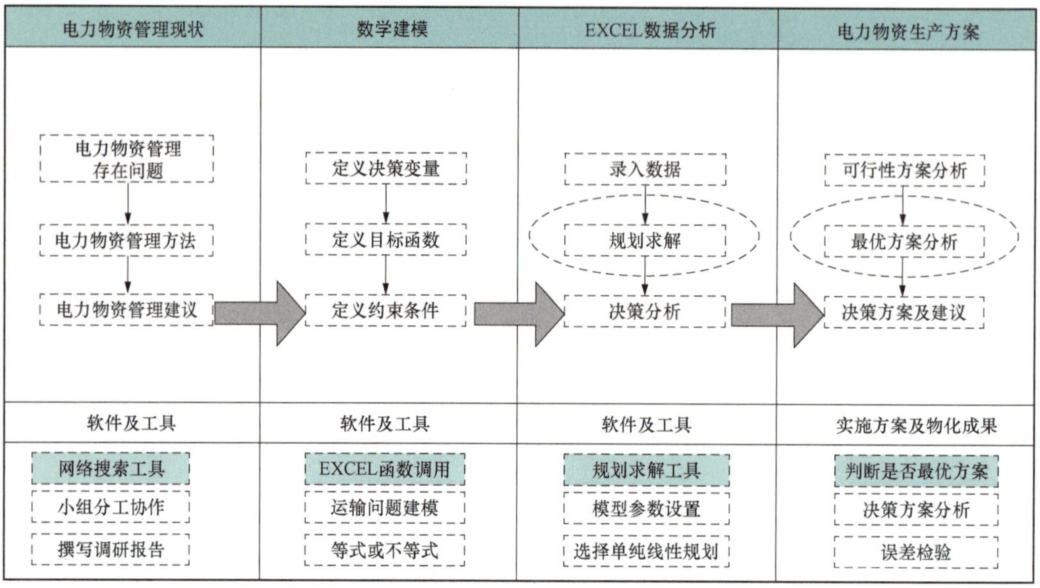

图 3-1-1 电力设备生产存储任务分解单

表 3-1-2 各产地产量及销量情况

运输成本/（元/吨）	B1	B2	B3	供应量（t）
A1	6	4	6	200
A2	6	5	5	300
需求量（t）	150	150	200	

二、 产销平衡运输问题

A1、A2、A3 三个配送中心供应四个城市 B1、B2、B3、B4 三同种商品，各配送中心供应量及各城市需求量、各配送中心到各城市的单位运输价格，产销运价见表 3-1-3，求使总运输成本最小的调运方案。

运输问题之车辆调度

表 3-1-3 产 销 运 价

运输成本/（元/t）	B1	B2	B3	B4	供应量（t）
A1	10	5	2	3	70
A2	4	3	1	2	20
A3	5	6	3	4	10
需求量（t）	50	25	10	15	

步骤一：建立数学模型。

决策变量：配送中心向每个城市配送的物资量为 x_{ij} t。运输问题决策变量，见表 3-1-4。

表 3 - 1 - 4 运 输 问 题 决 策 变 量

运输成本/（元/t）	B1	B2	B3	B4	供应量（t）
A1	x_{11}	x_{12}	x_{13}	x_{14}	70
A2	x_{21}	x_{22}	x_{23}	x_{24}	20
A3	x_{31}	x_{32}	x_{33}	x_{34}	10
需求量（t）	50	25	10	15	

目标函数：最低配送成本为

$$\min f = \sum_{i=1}^{n} \sum_{j=1}^{n} c_{ij} x_{ij}$$

约束条件：$\sum_{i=1}^{n} x_{ij} = b_j$ 行求和等于供应量，

$\sum_{i=1}^{m} x_{ij} = b_j$ 列求和等于需求量，

$x_{ij} \geqslant 0$，$a_i = b_j$ 产销平衡

【技能学习】运输规划问题数据处理与分析

实验名称：运输问题的 Excel 建模求解。

实验目的：掌握在 Excel 中建立运输问题数学模型和求解方法。

问题描述：某地区扶贫农产品有三个生产地 A1、A2、A3，分别向四个城市 B1、B2、B3、B4 进行农产品供应，已知单位运输价格（元/t）及各产地供应量和各城市需求量，请给出合理的农产品运输方案，使得总运费最小。

微课-产销平衡问题数学模型

拓展微课电力应急物资最优调配

产销平衡表见表 3 - 1 - 5。

表 3 - 1 - 5 产 销 平 衡 表

运输成本/（元/t）	B1	B2	B3	B4	产量（t）
A1	10	5	2	3	70
A2	4	3	1	2	20
A3	5	6	3	4	10
需求量（t）	50	25	10	15	100

第一步：输入运输问题的产销平衡表，如图 3 - 1 - 2 所示。

第二步：定义决策变量单元格。

此次决策变量数量为 $3 \times 4 = 12$ 个。与产销平衡表中单位运价数量一致，定义决策变量单元格，如图 3 - 1 - 3，图 3 - 1 - 4 所示。

第三步：定义目标函数。

目标函数公式为单位运价矩阵与决策变量矩阵对应相乘求和，使用函数为 SUM-

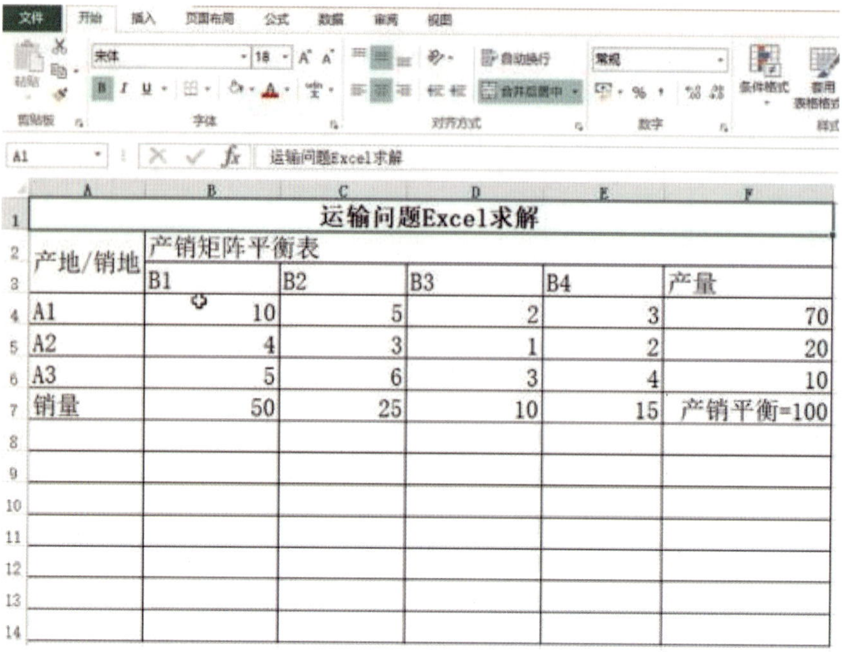

图 3-1-2　产销平衡表

图 3-1-3　定义决策变量单元格 1

PRODUCT。目标函数如图 3-1-5 所示。

第四步：定义约束条件。

分别计算行求和，列求和。行求和等于各产地的总产量；列求和等于各需求地的总需求量。定义约束条件，如图 3-1-6，图 3-1-7 所示。

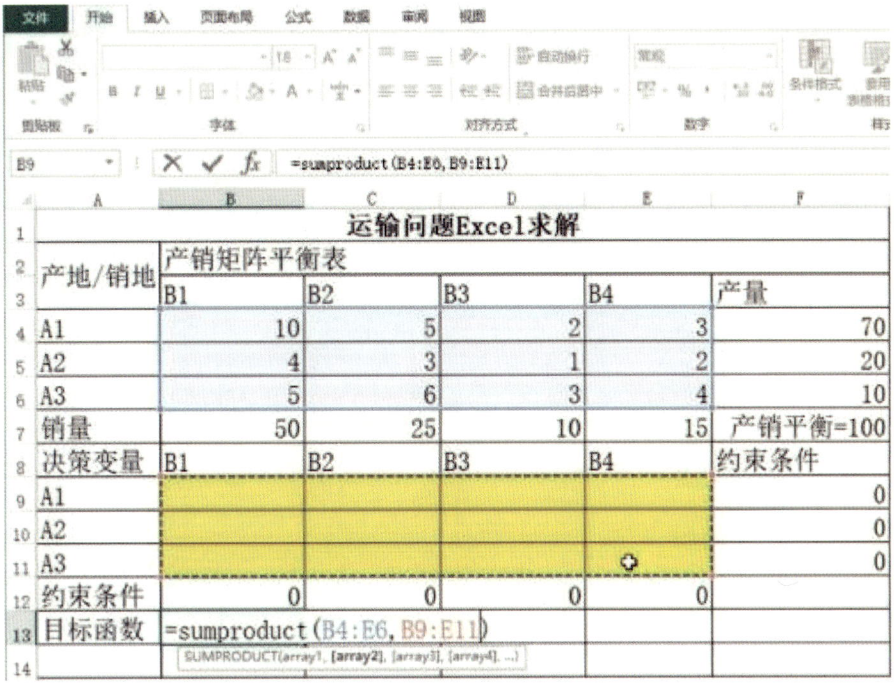

B9 =sumproduct(B4:E6,B9:E11)

运输问题Excel求解					
产地/销地	产销矩阵平衡表				
	B1	B2	B3	B4	产量
A1	10	5	2	3	70
A2	4	3	1	2	20
A3	5	6	3	4	10
销量	50	25	10	15	产销平衡=100
决策变量	B1	B2	B3	B4	约束条件
A1					0
A2					0
A3					0
约束条件	0	0	0	0	
目标函数	=sumproduct(B4:E6,B9:E11)				

图 3-1-4　定义决策变量单元格 2

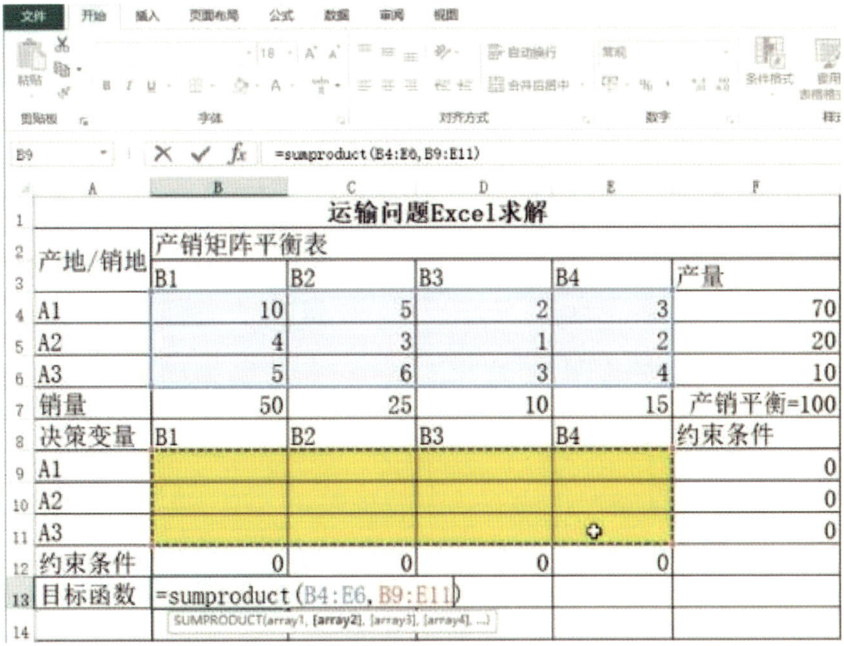

B9 =sumproduct(B4:E6,B9:E11)

运输问题Excel求解					
产地/销地	产销矩阵平衡表				
	B1	B2	B3	B4	产量
A1	10	5	2	3	70
A2	4	3	1	2	20
A3	5	6	3	4	10
销量	50	25	10	15	产销平衡=100
决策变量	B1	B2	B3	B4	约束条件
A1					0
A2					0
A3					0
约束条件	0	0	0	0	
目标函数	=sumproduct(B4:E6,B9:E11)				

图 3-1-5　目标函数

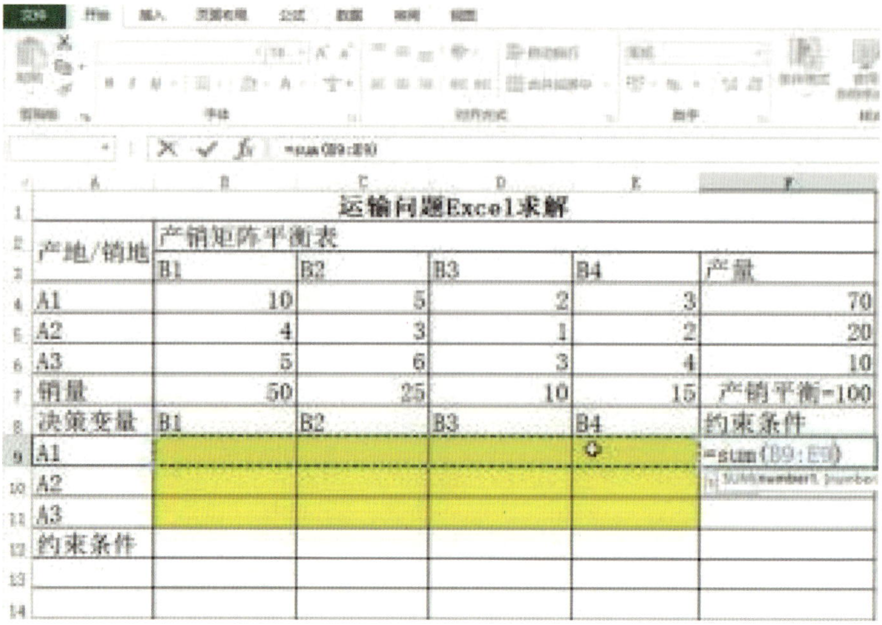

图 3-1-6　行约束条件

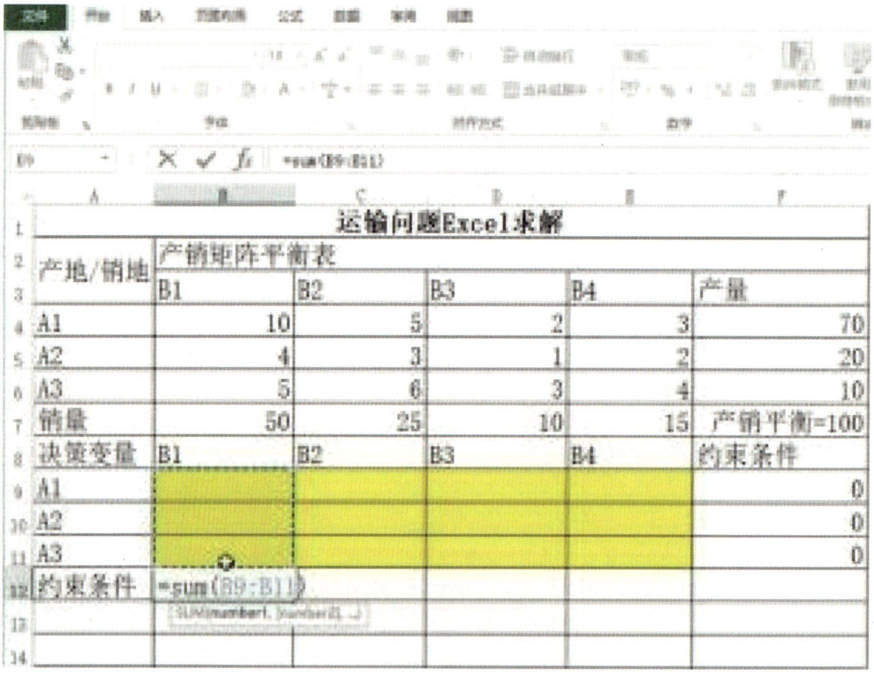

图 3-1-7　列约束条件

第五步：规划求解参数设置，如图 3-1-8 所示。

选择目标函数单元格；选择决策变量单元格为可变单元格；添加约束条件；选择"单纯线性规划"如图 3-1-9 所示。

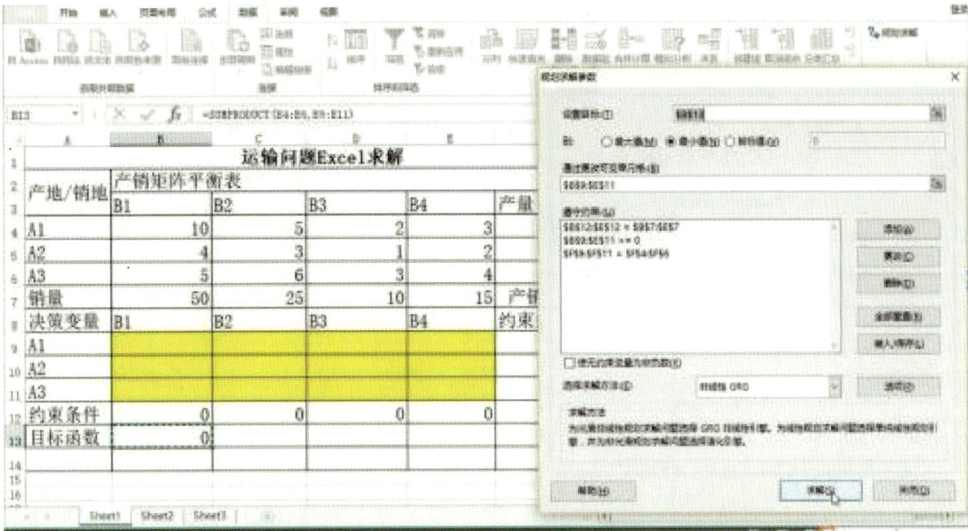

图 3-1-8　规划求解参数设置

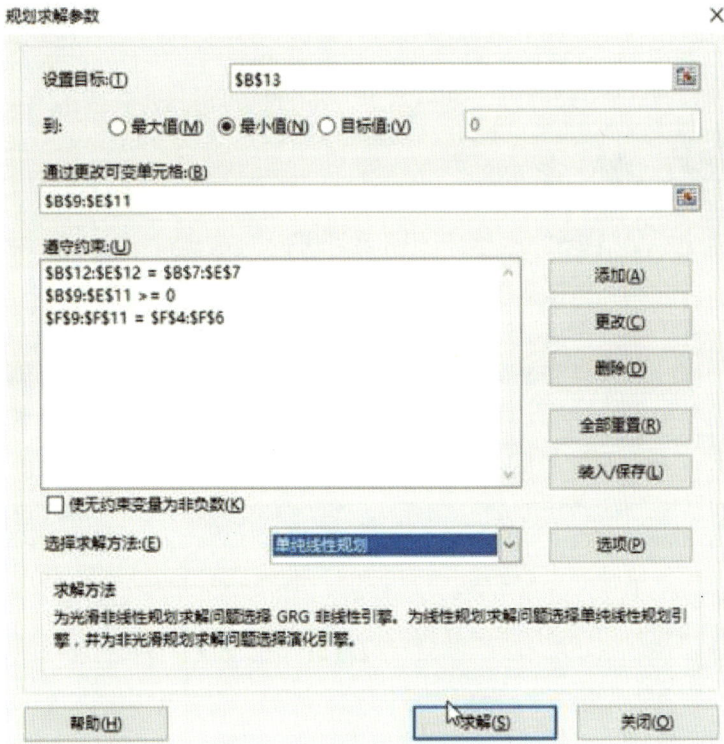

图 3-1-9　选择"单纯线性规划"

第六步：求解最优解，如图 3-1-10 所示。

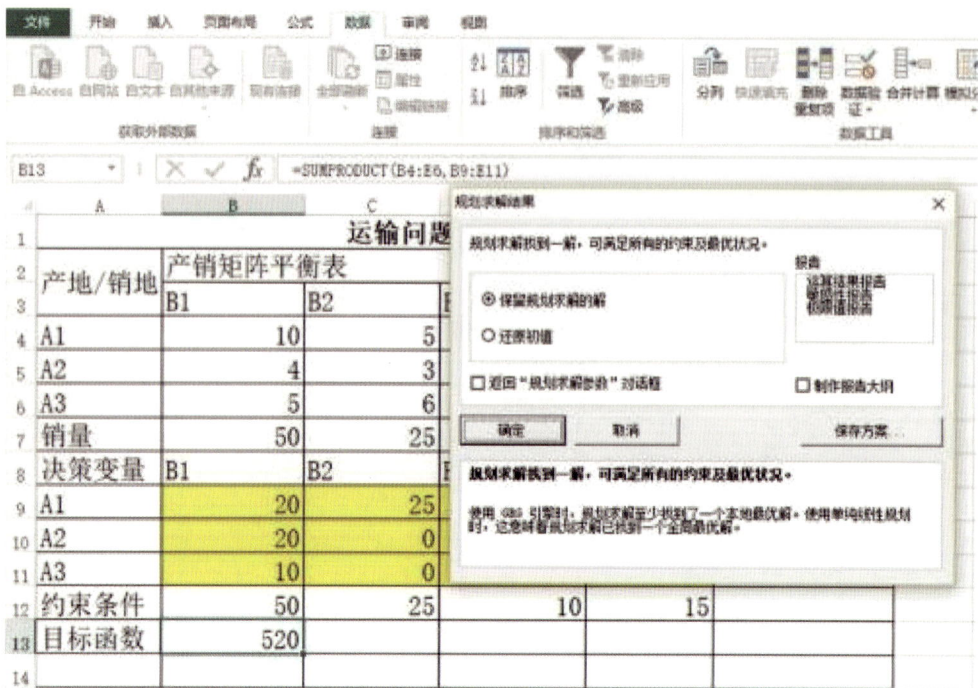

图 3-1-10 最优解

任务实施

步骤一：实析任务真调研。

请同学们秉承求真务实的态度针对供需平衡意义及现状进行调研，可选取一家企业或多家企业完成调研任务。重点从供需平衡意义、供需平衡方式和工具、供需平衡现有优化算法等以下三个方面进行调研，电力设备生产存储任务调研表见表3-1-6。

表 3-1-6　　　　　　　　　电力设备生产存储任务调研表

调研内容	调研方案	撰写报告
供需平衡意义		
		课前自主完成
供需平衡方式和工具		
供需平衡现有优化算法		

步骤二：学思践悟定模型。

42

数学建模过程是重点也是难点，在学习中多思考，在实践练习中领悟数学建模的原理。本步骤中需严谨审慎思考引导问题，讨论本任务数学建模三要素：决策变量、目标函数、约束条件，并完成数学建模。

引导问题1：此任务中要解决的问题是什么？（　　）

A. 每年生产电站设备的数量　　　　　　B. 每年存储电站设备的数量

C. 每年正常生产电站设备的数量　　　　D. 每年加班生产电站设备的数量

引导问题2：此任务中目标函数是什么？（　　）

A. 完成生产存储计划的总成本　　　　　B. 完成生产存储计划的总利润

C. 完成生产存储计划的总产量

引导问题3：在制定生产存储计划的时候受到哪些约束？（　　）

A. 第一年正常生产、加班生产总量可以在第二年、第三年、第三年末库存之间分配

B. 第二年正常生产总量、加班生产总量可以在第二年、第三年、第三年末库存之间分配

C. 第三年正常生产总量、加班生产总量可以在第二年、第三年、第三年末库存之间分配

D. 第一年末、第二年末、第三年末合同供应量来自第一年、第二年、第三年正常生产和加班生产的量

请根据任务描述将此问题转换为运输问题。首先，将相应的产量和销量根据正常生产量和加班生产量标注出来，另外，期初库存为1套也作为期初产量标注；第三年末需要交付的产量标注为销量，第三年末库存标注为三年末销量。根据单位生产成本、加班成本等资料，构建产销运价表。

第一步：表格中标黄区域为单位生产成本。请分别写出正常生产单位成本和加班生产成本见表3-1-7。

表3-1-7　　　　　　　　　　正常生产单位成本和加班生产成本

年度	第1年（万元）	第2年（万元）	第3年（万元）	三年末库存（万元）	产量（台）
期初库存					2
第1年正常					2
第1年加班					3
第2年正常					4
第2年加班					2
第3年正常					1
第3年加班					3
销量（台）	5	5	5	1	16＼17

第二步：将上述问题转换为产销平衡问题，由于总产量比总销量多1台，所以添加虚拟年份，且该年份销售量为1台。请补充填写产销平衡表中的单位生产成本，见表3-1-8。

表 3 - 1 - 8 产销平衡表中的单位生产成本

年度	第1年（万元）	第2年（万元）	第3年（万元）	虚拟年（万元）	三年末库存（万元）	产量（台）
期初库存						2
第1年正常						2
第1年加班						3
第2年正常						4
第2年加班						2
第3年正常						1
第3年加班						3
销量（台）	5	5	5	1		17

步骤三：巧用工具析数据。

第一步：将产销不平衡表转化为产销平衡表，产销平衡运价如图 3 - 1 - 11 所示。

	A	B	C	D	E	F	G
1	电力物资生产存储问题						
2	年度	第1年	第2年	第3年	虚拟年	三年末库存	产量
3	期初库存	4	8	12	0	16	2
4	第1年正常	50	54	58	0	62	2
5	第1年加班	57	61	65	0	69	3
6	第2年正常	0	60	64	0	68	4
7	第2年加班	0	67	71	0	75	2
8	第3年正常	0	0	55	0	59	1
9	第3年加班	0	0	62	0	66	3
10	销量	5	5	5	1	1	17

图 3 - 1 - 11 产销平衡运价

第二步：定义决策变量单元格，如图 3 - 1 - 12 所示。

此次决策变量数量为 $5 \times 7 = 35$ 个，即生产量和库存量。

	A	B	C	D	E	F	G
	H20	fx					
1	电力物资生产存储问题						
2	年度	第1年	第2年	第3年	虚拟年	三年末库存	产量
3	期初库存	4	8	12	0	16	2
4	第1年正常	50	54	58	0	62	2
5	第1年加班	57	61	65	0	69	3
6	第2年正常	0	60	64	0	68	4
7	第2年加班	0	67	71	0	75	2
8	第3年正常	0	0	55	0	59	1
9	第3年加班	0	0	62	0	66	3
10	销量	5	5	5	1	1	17
11	年度	第1年	第2年	第3年	虚拟年	三年末库存	产量
12	期初库存						2
13	第1年正常						2
14	第1年加班						3
15	第2年正常						4
16	第2年加班						2
17	第3年正常						1
18	第3年加班						3
19	销量	5	5	5	1	1	17

图 3 - 1 - 12 定义决策变量单元格

第三步：定义目标函数。

目标函数公式为单位运价矩阵与决策变量矩阵对应相乘求和，使用函数为 SUMPRODUCT。目标函数，如图 3-1-13 所示。

图 3-1-13　目标函数

第四步：定义约束条件。

分别计算行求和，列求和。行求和等于各产地的总产量；列求和等于各需求地的总需求量。行约束条件如图 3-1-4 所示。列约束条件如图 3-1-15 所示。

图 3-1-14　行约束条件

第五步：规划求解。

选择目标函数单元格；选择决策变量单元格为可变单元格；添加约束条件如图 3-1-16 所示，选择"单纯线性规划"。

第六步：最优方案，如图 3-1-17 所示。

步骤四：践行方案育匠心。

决策方案单一可能会带来不稳妥的决策结论，以及不可靠或不科学的问题。请同学们践行守正创新、不断钉钉子的求学精神，针对电

电力设备生产存储问题数据分析

45

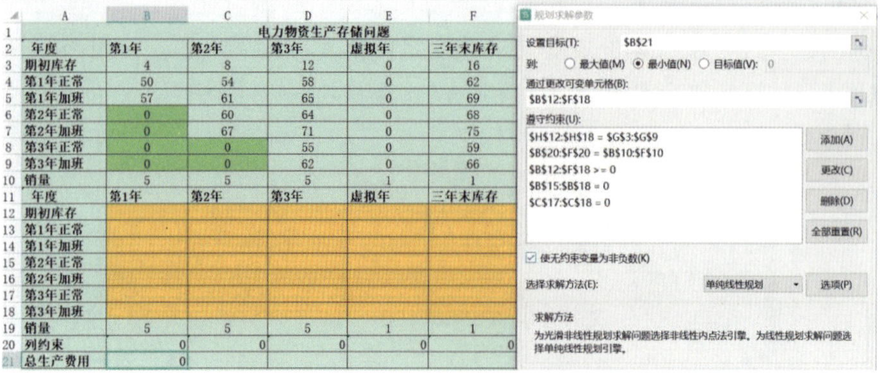

图 3-1-15　列约束条件

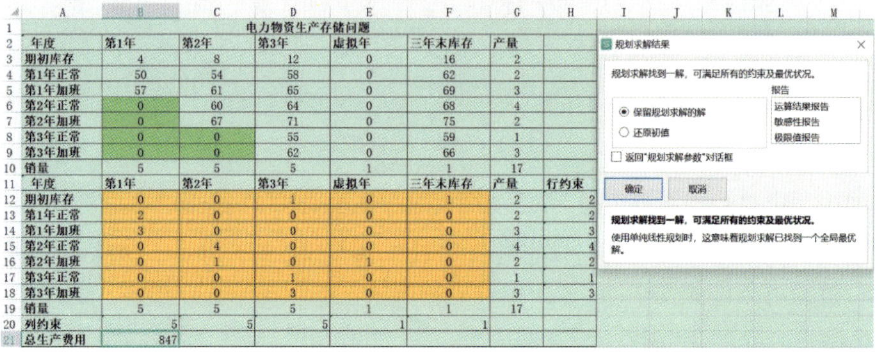

电力物资生产存储问题

	第1年	第2年	第3年	虚拟年	三年末库存
年度	第1年	第2年	第3年	虚拟年	三年末库存
期初存	4	8	12	0	16
第1年正常	50	54	58	0	62
第1年加班	57	61	65	0	69
第2年正常	0	60	64	0	68
第2年加班	0	67	71	0	75
第3年正常	0	0	55	0	59
第3年加班	0	0	62	0	66
销量	5	5	5	1	1
年度	第1年	第2年	第3年	虚拟年	三年末库存
期初库存					
第1年正常					
第1年加班					
第2年正常					
第2年加班					
第3年正常					
第3年加班					
销量	5	5	5	1	1
列约束	0	0	0	0	0
总生产费用	0				

规划求解参数

设置目标(T): $B$21
到: ○最大值(M)　●最小值(N)　○目标值(V): 0
通过更改可变单元格(B):
$B$12:$F$18
遵守约束(U):
$H$12:$H$18 = $G$3:$G$9
$B$20:$F$20 = $B$10:$F$10
$B$12:$F$18 >= 0
$B$15:$B$18 = 0
$C$17:$C$18 = 0
添加(A)　更改(C)　删除(D)　全部重置(R)
☑ 使无约束变量为非负数(K)
选择求解方法(E): 单纯线性规划　选项(P)
求解方法
为光滑非线性规划求解问题选择非线性内点引擎，为线性规划求解问题选择单纯线性规划引擎。

图 3-1-15　列约束条件

电力物资生产存储问题

	第1年	第2年	第3年	虚拟年	三年末库存	产量	行约束
年度	第1年	第2年	第3年	虚拟年	三年末库存	产量	
期初存	4	8	12	0	16	2	
第1年正常	50	54	58	0	62	2	
第1年加班	57	61	65	0	69	3	
第2年正常	0	60	64	0	68	2	
第2年加班	0	67	71	0	75	2	
第3年正常	0	0	55	0	59	2	
第3年加班	0	0	62	0	66	3	
销量	5	5	5	1		17	
年度	第1年	第2年	第3年	虚拟年	三年末库存	产量	行约束
期初库存	0	0	1	0	0	2	2
第1年正常	2	0	0	0	0	2	2
第1年加班	3	0	0	0	0	3	3
第2年正常	0	0	0	0	0	2	2
第2年加班	0	1	0	0	0	2	2
第3年正常	0	0	0	0	0	2	2
第3年加班	0	0	3	0	0	3	3
销量	5	5	5	1	1	17	
列约束	5	5	5	1	1		
总生产费用	847						

规划求解结果

规划求解找到一解，可满足所有的约束及最优状况。
● 保留规划求解的解
○ 还原初值
报告
运算结果报告
敏感性报告
极限值报告
☐ 返回"规划求解参数"对话框
确定　取消
规划求解找到一解，可满足所有的约束及最优状况。
使用单纯线性规划时，这意味着规划求解已找到一个全局最优解。

图 3-1-16　约束条件

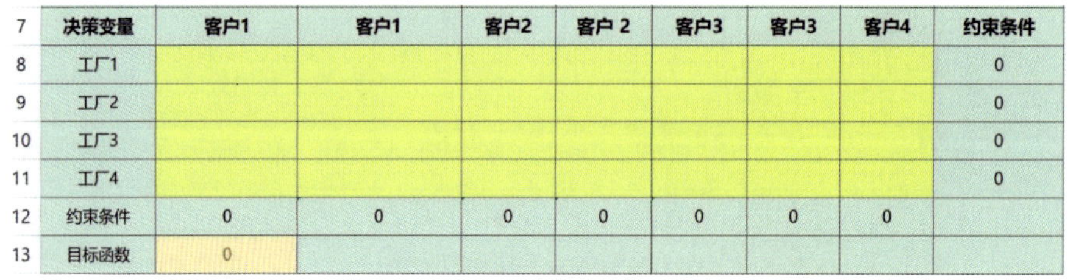

决策变量	客户1	客户1	客户2	客户2	客户3	客户3	客户4	约束条件
工厂1								0
工厂2								0
工厂3								0
工厂4								0
约束条件	0	0	0	0	0	0	0	
目标函数	0							

图 3-1-17　最优方案

站设备生产存储问题方案进行仿真实施，撰写任务决策方案电力设备生产存储决策分析表，见表 3-1-9。

表 3-1-9　　　　　　　　　　电力设备生产存储决策分析表

工作内容	工作步骤	完成要求
生产存储任务仿真操作	（1）可行方案实施 （2）最优解方案实施	撰写任务决策方案
生产存储任务优化建议	（1）节约成本方面 （2）低碳环保 （3）避免供需不平衡	

任务实现的关键在于决策变量定义、数据分析准确度；任务执行效率高的关键在于 EXCEL 中函数调用、数据强制引用的操作技巧。请对照任务标准进行评分，完成电力设备生产存储任务检查记录工作单，见表 3-1-10。

表 3-1-10　　　　　　　　　　电力设备生产存储任务检查记录工作单

检查项目	评分标准	任务标准	评分
模型检查（20分）	（1）决策变量（10分） （2）目标函数（5分） （3）约束条件（5分）	（1）供过于求与供不应求的不平衡运输问题转化差异 （2）EXCEL中录入单位运输距离时注意准确度，尽可能复制粘贴	
EXCEL数据分析（30分）	（1）模型数据录入准确（10分） （2）决策变量单元格定义准确（10分） （3）约束条件及目标函数公式准确（10分）	（1）EXCEL中插入虚拟方后，对应的单位运输距离为0 （2）行约束和列约束均为等式，全部决策变量大于等于0 （3）确定目标值求解最大值还是最小值，切忌选择错误	
规划求解参数完整且准确（50分）	（1）目标值（最大或最小）选择（20分） （2）准确且完整添加约束条件（20分） （3）选择单纯线性规划（10分）	最优生产存储方案：第1年库存量为1台，三年末库存量为1台；第1年正常生产2台，第3年末交付；第1年加班生产3台，第3年末交付；第2年正常生产4台，加班生产1台，均在年末交付；第3年正常生产1台，加班生产3台，均在一年后交付	

根据执行任务中出现的问题，精心提炼并记录易错点及改进要点，填入电力设备生产存储任务易错点总结，见表 3-1-11。为进一步地学习积累经验，小组负责人签字。

表 3-1-11　　　　　　　　　　电力设备生产存储任务易错点总结

工作分工	工作内容	工作步骤	易错点总结	改进要点
小组名称	建立数学建模	（1）定义决策变量 （2）定义目标函数 （3）定义约束条件		
	EXCEL数据分析	（1）决策变量单元格 （2）约束条件 （3）目标函数		
	最优方案分析	（1）可行解 （2）最优解		

按照数学建模、数据分析和职业素养进行检查，在考核评价表中进行记录、评分。

评分采取扣分制，每项扣完为止。电力设备生产存储任务考核评价表，见表 3 - 1 - 12。

表 3 - 1 - 12 　　　　　　　　电力设备生产存储任务考核评价表

项目名称	评价内容	分值	评价分数		
			自评	互评	师评
职业素养考核项目 40%	穿戴规范、整洁	6 分			
	安全意识、责任意识、节约意识	6 分			
	积极参加教学活动，按时完成学生工作活页	10 分			
	团队合作、与人交流能力	6 分			
	劳动纪律	6 分			
	生产现场管理 7S 标准	6 分			
专业能力考核项目 60%	数学建模	20 分			
	数据分析	30 分			
	优化决策	10 分			
总分					
总评	自评（20%）＋互评（20%）＋师评（60%）	综合等级	教师（签名）：		

素养成长园地

电力物资合理
调配的意义

当变电站、电力线路在运行过程中出现故障，导致设备或线路材料损毁无法继续安全运行时，需要对电力物资进行及时配送和更换，否则会造成大面积停电，直接对社会经济发展产生影响。另外，当社会向供电企业申请开展业扩报装、光伏扶贫或市政工程等紧急项目建设时，往往对项目建设的时间要求非常紧迫。这些原因均会迫使电力物资供应不断缩减供应周期，为工程建设提供时间保障，以满足现场项目的紧急需求。同时，电力应急物资科学合理地调配还可以促进电力行业的持续发展，最大限度地发挥资源的作用和价值，使得资源浪费的情况降低，实现资源配置的合理化，保证经济社会的平稳有序发展。

任务二　总成本最小的医用口罩弹性需求问题

职业技能目标

通过训练，使学生能够将弹性需求问题转换成运输问题进行优化分析。使学生能够在 EXCEL 上录入企业实际任务相关数据，利用规划求解工具完成决策变量、目标函数、约束条件公式的定义和录入，能够完成医用口罩调配方案的优化和实施。

任务情境

如果你在应急物资项目管理岗位，面临客户需求差异，工厂供需失衡时，如何进行应急物资分配达到最优化效果呢？尤其是疫情期间各类防疫物资事关人民群众生活，关乎社会发展和安全。根据防疫工作实际，做好专项预算、统计、评估疫情所需物资，并组织生产、采购、储备、调配和使用管理是企业面临的重大考验。

任务描述

某口罩生产厂家在 3 个工厂中专门生产医用类口罩，在未来的 4 个月中，有 4 个处于国内不同区域的潜在客户很可能大量订购，客户 1 是一家医院，所以他的全部订购量都应该满足；客户 2 和客户 3 是大型医药零售店，所有作为最低限度至少要满足他们订单的 1/3，客户 4 不需要进行特殊考虑，口罩生产厂家委托复兴速达物流公司进行运输，由于运输成本上的差异，销售单只口罩得到的净利润也不同，很大程度上取决于工厂供应客户的单位利润，现在需要项目管理员负责制定运输方案，使得口罩生产厂家获利最大，见表 3-2-1。

表 3-2-1　　　　　　　　　　　　单 位 利 润 表

工厂	单位利润（元）				产量（只）
	客户 1	客户 2	客户 3	客户 4	
工厂 1	0.25	0.22	0.23	0.25	80 000
工厂 2	0.18	0.09	0.16	0.24	50 000
工厂 3	0.15	0.3	0.26	0.19	70 000
最小采购量（只）	50 000	30 000	20 000	0	
最大采购量（只）	70 000	90 000	60 000	80 000	

任务分解

本项任务共分 4 个部分完成，每一部分均包含 3 个步骤。一是针对应急物资弹性需求问题进行调研，可分为制定调研方案，采用文献调研法、实地调研法等实施调研，最后撰写调研报告；二是针对实际任务利用运输规划进行建模，明确决策变量、任务目标及受到的约束条件，约束条件可以是等式或不等式；三是用 EXCEL 规划求解工具完成数学模型的数据分析任务，具体包括录入数学模型相关数据，在 EXCEL 中输入目标函数及约束条件公式，并进行规划求解；四是决策方案分析，首先对可行方案进行对比分析，然后结合企业实际情况选择最优方案，并在系统进行虚拟仿真操作，最后给出决策方案及建议。应急物资弹性需求任务分解单如图 3-2-1 所示。

应急物资弹性需求	数学建模	EXCEL数据分析	医用口罩供应方案
应急物资弹性供应 存在问题	定义决策变量	录入数据	可行性方案分析
弹性供应现有方法	定义目标函数	规划求解	最优方案分析
弹性供应优化建议	定义约束条件	决策分析	决策方案及建议
软件及工具	软件及工具	软件及工具	实施方案及物化成果
网络搜索工具	EXCEL函数调用	规划求解工具	判断是否最优方案
小组分工协作	运输问题建模	模型参数设置	决策方案分析
撰写调研报告	等式或不等式	选择单纯线性规划	误差检验

图 3-2-1　应急物资弹性需求任务分解单

【知识学习】供需不平衡下的资源调度

一、 产销不平衡运输问题案例 - 供过于求

对于产销不平衡的运输问题，可分为总供给量（总产量）＞总需求量（总销量）$\left(即 \sum_{i=1}^{m} a_i > \sum_{j=1}^{n} b_j\right)$ 或总需求量（总销量）总供给量（总产量）$\left(即 \sum_{i=1}^{m} a_i < \sum_{j=1}^{n} b_j\right)$ 两种情形，关键是按具体情况虚设收点或虚设发点，其收量或发量是两类总量的差数，并按实际意义决定各新增单元格上的单位运价，这样就把它们转化为产销平衡的运输问题。

二、 产销不平衡运输问题案例 - 抗疫物资运输调度

在武汉新冠肺炎疫情最严重的时期，湖北红十字会收到了来自全国乃至全球的捐赠。虽然全国甚至全球各地爱心款物蜂拥至武汉，但一线医护人员的医护物资仍然不断"告急"，此间还屡屡曝出救援物资援助通道发生阻滞等问题。出现问题后，捐赠物资仓库现场改由专业物流企业接管。在明确和规范的收发货物流程帮助下，紧急的医疗物资在两个小时之内就可以完成从到货到分配的过程。可见对于应急物资的调度，科学的调度流程至关重要，尤其是当抗疫物资严重不足时，如何合理调度物资也是必须面临的问题。在抗疫物资供不应求情况下，合理安排运输调度的案例。

A1、A2、A3 三个抗疫应急物资管理机构负责向 B1、B2、B3、B4 四家医院进行抗疫物资的供应。由于抗疫物资短缺，出现供不应求的情况，面临四家医院对抗疫物资的需求，只能选择以运输时间最短为衡量目标。已知各应急管理机构物资供应量及各医院物资需求量、各应急管理机构到各医院的单位物资调拨时间见表 3-2-2，求总运输时间最小的调运方案。

表 3-2-2 　　　　　　　　　　　产 销 不 平 衡 运 输 表

运输时间/（分钟/吨）	B1	B2	B3	B4	供应量（吨）
A1	30	60	40	30	60
A2	30	40	20	60	40
A3	30	60	40	20	50
需求量（吨）	30	40	40	50	

任务实施

步骤一：实析任务真调研。

请同学们秉承求真务实的态度针对弹性供应现状进行调研，可选取一家企业或多家企业完成调研任务。重点从弹性供应意义、弹性供应方式、弹性供应现有优化算法等以下三个方面进行调研，应急物资弹性需求任务调研表，见表 3-2-3。

表 3-2-3 　　　　　　　　　　应急物资弹性需求任务调研表

调研内容	调研方法	撰写报告
弹性供应意义		
弹性供应方式		课前自主完成
弹性供应优化算法		

步骤二：学思践悟定模型。

数学建模过程是重点也是难点，在学习中多思考，在实践练习中领悟数学建模的原理。本步骤中需严谨审慎思考引导问题，讨论本任务数学建模三要素：决策变量、目标函数、约束条件，并完成数学建模。

引导问题 1：请计算总产量与最小采购量和最大采购量之间的关系？

引导问题 2：本任务中总产量为 20 万只口罩，最低需求 10 万只，最高需求 30 万只。若满足最高需求至少要增加（　　）万只的供应量。则总供应量至少为（　　）万只，因此，实质上比较现实的最高需求也为 30 万只。

引导问题 3：如何将该问题转换为运输问题？

各地的需求分为两个部分：基本需求、弹性需求，其中弹性需求等于最高采购量减去最小采购量。请分别写出 4 个工厂产量及客户的采购量。每个客户分解成两个，一个为按照基本需求确定的采购量，另一个依据需求弹性确定的采购量。基本需求采购量见表 3 - 2 - 4。

表 3 - 2 - 4　　　　　　　　　基 本 需 求 采 购 量

	客户 1	客户 1′	客户 2	客户 2′	客户 3	客户 3′	客户 4	产量（万只）
工厂 1	0.25	0.25	0.22	0.22	0.23	0.23	0.25	
工厂 2	0.18	0.18	0.09	0.09	0.16	0.16	0.24	
工厂 3	0.15	0.15	0.3	0.3	0.26	0.26	0.19	
采购量（万只）								

将上述问题转换为产销平衡问题，由于总采购量比总产量多 10 万只，所以添加虚拟工厂，且该工厂生产量为 10 万只。请补充填写产销平衡表，见表 3 - 2 - 5。

表 3 - 2 - 5　　　　　　　　　产 销 平 衡 表

	客户 1	客户 1′	客户 2	客户 2′	客户 3	客户 3′	客户 4	产量（万只）
工厂 1	0.25	0.25	0.22	0.22	0.23	0.23	0.25	
工厂 2	0.18	0.18	0.09	0.09	0.16	0.16	0.24	
工厂 3	0.15	0.15	0.3	0.3	0.26	0.26	0.19	
工厂 4								
采购量（万只）								

步骤三：巧用工具析数据。

第一步：将产销不平衡表转化为产销平衡表，产销平衡运价表如图 3 - 2 - 2 所示。

第二步：定义决策变量单元格。

此次决策变量数量为 4×7＝28 个，即工厂为客户供应的口罩数量。定义决策变量单元格，如图 3 - 2 - 3 所示。

▲	A	B	C	D	E	F	G	H	I
1	工厂	客户1	客户1	客户2	客户 2	客户3	客户3	客户4	产量
2	工厂1	0.25	0.25	0.22	0.22	0.23	0.23	0.25	80000
3	工厂2	0.18	0.18	0.09	0.09	0.16	0.16	0.24	50000
4	工厂3	0.15	0.15	0.3	0.3	0.26	0.26	0.19	70000
5	工厂4	0	0	0	0	0	0	0	100000
6	采购量	50000	20000	30000	60000	20000	40000	80000	300000

图 3 - 2 - 2　产销平衡运价表

7	决策变量	客户1	客户1	客户2	客户2	客户3	客户3	客户4	约束条件
8	工厂1								0
9	工厂2								0
10	工厂3								0
11	工厂4								0
12	约束条件	0	0	0	0	0	0 .	0	
13	目标函数	0							

图 3-2-3　定义决策变量单元格

第三步：定义目标函数。

目标函数公式为单位运价矩阵与决策变量矩阵对应相乘求和，使用函数为 SUM-PRODUCT。目标函数，如图 3-2-4 所示。

6	采购量	50000	20000	30000	60000	20000	40000	80000	300000
7	决策变量	客户1	客户1	客户2	客户2	客户3	客户3	客户4	约束条件
8	工厂1								0
9	工厂2								0
10	工厂3								0
11	工厂4								0
12	约束条件	0	0	0	0	0	0	0	
13	目标函数	=SUMPRODUCT(B2:H5, B8:H11)							
14									
15									

图 3-2-4　目标函数

第四步：定义约束条件。

分别计算行求和，列求和。行求和等于各产地的总产量，行求和约束条件如图 3-2-5 所示；列求和等于各需求地的总需求量列求和约束条件如图 3-2-6 所示。

7	决策变量	客户1	客户1	客户2	客户2	客户3	客户3	客户4	约束条件
8	工厂1								=SUM(B8:H8)
9	工厂2								0
10	工厂3								0
11	工厂4								0
12	约束条件	0	0	0	0	0	0	0	
13	目标函数	0							

图 3-2-5　行求和约束条件

7	决策变量	客户1	客户1	客户2	客户2	客户3	客户3	客户4	约束条件
8	工厂1								0
9	工厂2								0
10	工厂3								0
11	工厂4								0
12	约束条件	=SUM(B8:B10)	0	0	0	0	0	0	
13	目标函数	0							

图 3-2-6　列求和约束条件

第五步：规划求解。

选择目标函数单元格；选择决策变量单元格为可变单元格；添加约束条件；选择"单纯线性规划"如图 3-2-7 所示。

7	决策变量	客户1	客户1	客户2	客户 2	客户3	客户3	客户4	约束条件
8	工厂1								0
9	工厂2								0
10	工厂3								0
11	工厂4								0
12	约束条件	0	=SUM(C8:C11)	0	0	0	0	0	
13	目标函数	0							

图 3-2-7 选择"单纯线性规划"

第六步：最优方案，如图 3-2-8 所示。

图 3-2-8 最优方案

步骤四：践行方案育匠心。

决策方案单一可能会带来不稳妥的决策结论，以及不可靠或不科学的问题。请同学们践行守正创新、不断钉钉子的求学精神，针对电站设备生产存储问题方案进行仿真实施，撰写任务决策方案应急物资弹性需求问题决策分析表，见表 3-2-6。

表 3-2-6 　　　　　　　　　　应急物资弹性需求问题决策分析表

工作内容	工作步骤	完成要求
生产存储任务仿真操作	（1）可行方案实施 （2）最优解方案实施	撰写任务决策方案
生产存储任务优化建议	（1）节约成本方面 （2）低碳环保 （3）避免供需不平衡	

任务评价

　　任务评价的重要性，任务实现的关键在于决策变量定义、数据分析准确度；任务执行效率高的关键在于 EXCEL 中函数调用、数据强制引用的操作技巧。请对照任务标准进行评分，完成应急物资弹性需求问题检查记录工作单，见表 3-2-7。

表 3-2-7 　　　　　　　　　　应急物资弹性需求问题检查记录工作单

检查项目	评分标准	任务标准	评分
模型检查 （20 分）	（1）决策变量（10分） （2）目标函数（5分） （3）约束条件（5分）	（1）供过于求与供不应求的不平衡运输问题转化差异。 （2）EXCEL 中录入单位运输距离时注意准确度，尽可能复制粘贴	
EXCEL 数据分析 （30 分）	（1）模型数据录入准确（10分） （2）决策变量单元格定义准确（10分） （3）约束条件及目标函数公式准确（10分）	（1）EXCEL 中插入虚拟方后，对应的单位运输价格为 0。 （2）行约束和列约束均为等式，全部决策变量大于等于 0。 （3）确定目标值求解最大值还是最小值，切忌选择错误	
规划求解 参数完整 且准确 （50 分）	（1）目标值（最大或最小）选择（20分） （2）准确且完整添加约束条件（20分） （3）选择单纯线性规划（10分）	最优生产存储方案：第 1 年库存量为 1 台，三年末库存量为 1 台；第 1 年正常生产 2 台，第 3 年末交付；第 1 年加班生产 3 台，第 3 年末交付；第 2 年正常生产 4 台，加班生产 1台，均在年末交付；第 3 年正常生产 1 台，加班生产 3 台，均在一年后交付	

　　根据执行任务中出现的问题，精心提炼并记录易错点及改进要点，填入应急物资弹性需求问题易错点总结，见表 3-2-8。为进一步的学习积累经验，小组负责人签字。

表 3 - 2 - 8　　　　　　　　　　应急物资弹性需求问题易错点总结

工作分工	工作内容	工作步骤	易错点总结	改进要点
小组名称	建立数学建模	(1) 定义决策变量 (2) 定义目标函数 (3) 定义约束条件		
	EXCEL 数据分析	(1) 决策变量单元格 (2) 约束条件 (3) 目标函数		
	最优方案分析	(1) 可行解 (2) 最优解		

按照数学建模、数据分析和职业素养进行检查，在下方表格中进行记录、评分。评分采取扣分制，每项扣完为止。应急物资弹性需求问题考核评价表，见表 3 - 2 - 9。

表 3 - 2 - 9　　　　　　　　　　应急物资弹性需求问题考核评价表

项目名称	评价内容	分值	评价分数		
			自评	互评	师评
职业素养 考核项目 40%	穿戴规范、整洁	6 分			
	安全意识、责任意识、节约意识	6 分			
	积极参加教学活动，按时 完成学生工作活页	10 分			
	团队合作、与人交流能力	6 分			
	劳动纪律	6 分			
	生产现场管理 7S 标准	6 分			
专业能力考核 项目 60%	数学建模	20 分			
	数据分析	30 分			
	优化决策	10 分			
总分					
总评	自评（20%）+互评（20%）+ 师评（60%）	综合等级	教师（签名）：		

素养成长园地

美团配送结合配送行业数智化升级的痛点和需求，利用人工智能、5G 应用、物联网、云计算等物流科技，在配送调度方面，通过合理划分配送区域、智能实时调度，持续优化骑手、消费者和商家的体验和效率，助力线下零售提升运营效率，对配送行业的降本提效产生了重要的促进作用。

物流企业要通过引进、消化与自主创新相结合，通过业务积累和技术创新，将物联网、大数据算法、人工智能等技术融合到实际场景中，加快构建绿色化、智能化、信息化的物流产业链，助力全流程提质增效和低碳减排。

美团配送科技
助力低碳供应链

项目四　编制物流资源配置方案

本项目学习目标

素质目标

（1）树立的合理分配资源的创新思维。

（2）培养解决资源短缺矛盾的智慧。

知识目标

（1）学会 0-1 型资源分配问题建模原理。

（2）学会建立资源分配问题数学模型。

技能目标

（1）能够用 Excel 求解资源分配问题。

（2）能够灵活解决企业实际问题。

任务一　制定总效益最大的物流设备分配方案

职业技能目标

通过训练，使学生能够完成物流设备分配方案的数据分析、规划求解、决策方案分析等任务，培养学生具备降本增效的节约意识，全局优化的科学决策能力，使学生能够具有独立完成企业资源优化配置的能力，达到为企业制定最优资源配置方案的工作职责目标。

任务描述

复兴速达物流公司拟将某种 5 台自动分拣机，分配给所属的甲、乙、丙三个仓库。各仓库获得此设备后，预测可创造利润的盈利表，见表 4-1-1。请设计盈利最大的设备分配方案。

表 4-1-1　　　　　　　　盈　利　表　　　　　（单位：万元）

设备台数	甲仓库	乙仓库	丙仓库
0	0	0	0
1	3	5	4
2	7	10	6

设备台数	甲仓库	乙仓库	丙仓库
3	9	11	11
4	12	11	12
5	13	11	12

🧪 **任务分解**

本项任务共分4个部分完成，每一部分均包含3个步骤。一是针对物流设备投资现状进行调研，分析合理分配设备的重要性及不合理的分配带来的危害，可分为制定调研方案，采用文献调研法、实地调研法等实施调研，最后撰写调研报告；二是针对实际任务利用整数规划进行建模，明确决策变量、任务目标及受到的约束条件，约束条件可以是等式或不等式；三是用EXCEL规划求解工具完成数学模型的数据分析任务，具体包括录入数学模型相关数据，在EXCEL中输入目标函数及约束条件公式，并进行规划求解；四是物流设备分配决策方案分析，首先对可行方案进行对比分析，然后结合企业实际情况选择最优方案，并在系统进行虚拟仿真操作，最后给出决策方案及建议。物流设备分配任务分解单，如图4-1-1所示。请参考任务分解单，完成物流设备分配方案。

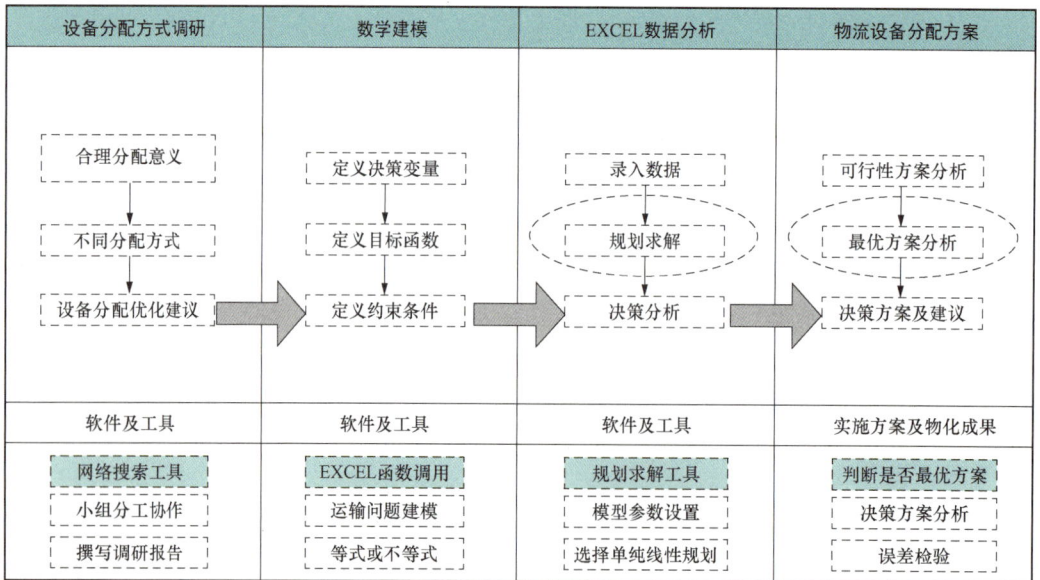

设备分配方式调研	数学建模	EXCEL数据分析	物流设备分配方案
合理分配意义	定义决策变量	录入数据	可行性方案分析
不同分配方式	定义目标函数	规划求解	最优方案分析
设备分配优化建议	定义约束条件	决策分析	决策方案及建议
软件及工具	软件及工具	软件及工具	实施方案及物化成果
网络搜索工具	EXCEL函数调用	规划求解工具	判断是否最优方案
小组分工协作	运输问题建模	模型参数设置	决策方案分析
撰写调研报告	等式或不等式	选择单纯线性规划	误差检验

图4-1-1 物流设备分配任务分解单

【知识学习】资源分配问题模型

资源配置（Resource Allocation）是指对相对稀缺的资源在各种不同用途上加以比较做出的选择。资源是指社会经济活动中人力、物力和财力的总和，是社会经济发展的基本物质条件。在社会经济发展的一定阶段上，相对于人们的需求而言，资源总是表现出相对的稀缺性，从而要求人们对有限的、相对稀缺的资源进行合理配置，以便用最少的资源耗费，生产出最适用的商品和劳务，获取最佳的效益。资源配置合理与否，对一个国家经济发展的成败有着极其重要的影响。

资源分配问题是将数量一定的一种或若干种资源（原木料、资金、设备或劳动力等）合理地分配给若干个使用者，使总收益最大。解决资源分配问题的第一步是明确活动和资源，对每一个活动，需要作出活动数量的决策，也就是要确定活动水平。它包含了生产分配和财务问题。以下三类数据是必须的：

（1）每种资源的可供量。

（2）每一种活动所需要的各种资源的数量，对于每一种资源与活动的组合，单位活动所消耗的资源量必须首先估计出来。

（3）每一种活动对总的绩效测度的单位贡献。

物力资源分配问题就是将一种或几种资源（原材料、资金、机器设备等）以最优的方式分配给若干个使用者或者项目中。企业在做投资决策时往往面临诸多选择，同时又囿于资金有限，只能在一些项目间进行取舍，下面我们以一个案例切入，讲解一下资源分配问题的数学建模过程。

【技能学习】资源分配问题数据处理与分析

实验目的：掌握在 Excel 中建立资源分配模型和求解方法

问题描述：某物流公司有资金 4 百万元，投资给 A、B、C 三个配送中心。各配送中心获得资金后，预测可创造的利润见表 4-1-2。

表 4-1-2　　　　　　　　　　　利　润　表　　　　　　　（单位：百万元）

资金额	配送中心		
	A	B	C
1	15	13	11
2	28	29	30
3	40	43	45
4	51	55	58

问这 4 百万资金应如何分配给这 3 个配送中心，使得所创造的总利润为最大？

第一步：输入资源分配问题的利润矩阵表。资源分配效益表，如图 4-1-2 所示。

图 4-1-2　资源分配效益表

第二步：建立模型，定义决策变量如图 4-1-3 所示。

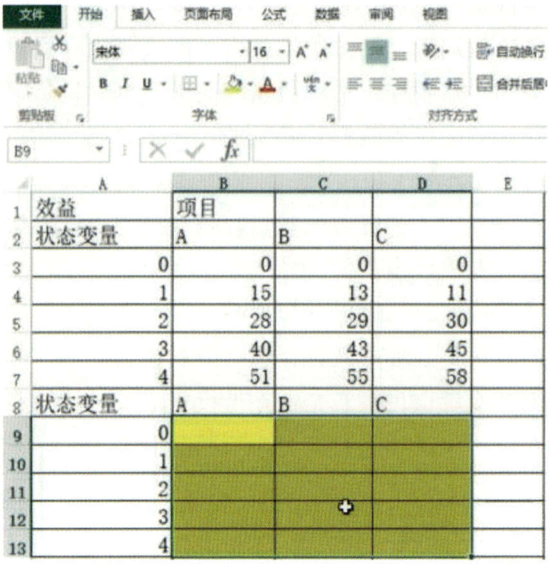

	A	B	C	D	E
1	效益	项目			
2	状态变量	A	B	C	
3	0	0	0	0	
4	1	15	13	11	
5	2	28	29	30	
6	3	40	43	45	
7	4	51	55	58	
8	状态变量	A	B	C	
9	0				
10	1				
11	2				
12	3				
13	4				

图 4-1-3　决策变量

第三步：输入目标函数，如图 4-1-4 所示。

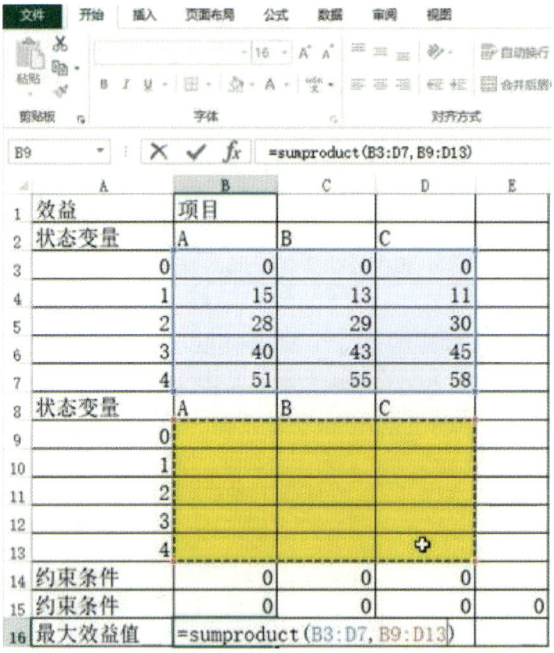

	A	B	C	D	E
1	效益	项目			
2	状态变量	A	B	C	
3	0	0	0	0	
4	1	15	13	11	
5	2	28	29	30	
6	3	40	43	45	
7	4	51	55	58	
8	状态变量	A	B	C	
9	0				
10	1				
11	2				
12	3				
13	4				
14	约束条件	0	0	0	
15	约束条件	0	0	0	0
16	最大效益值	=sumproduct(B3:D7,B9:D13)			

图 4-1-4　目标函数

第四步：输入约束条件公式。A 项目列求和约束条件如图 4-1-5 所示。A 项目投资额约束条件如图 4-1-6 所示。三项目投资总金额约束条件如图 4-1-7 所示。

第五步：规划求解参数设置如图 4-1-8 所示。

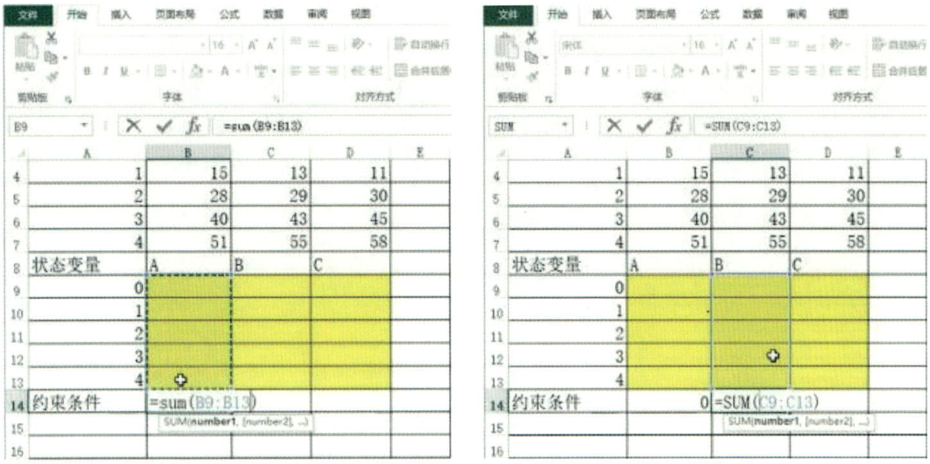

图 4-1-5　约束条件-A 项目列求和

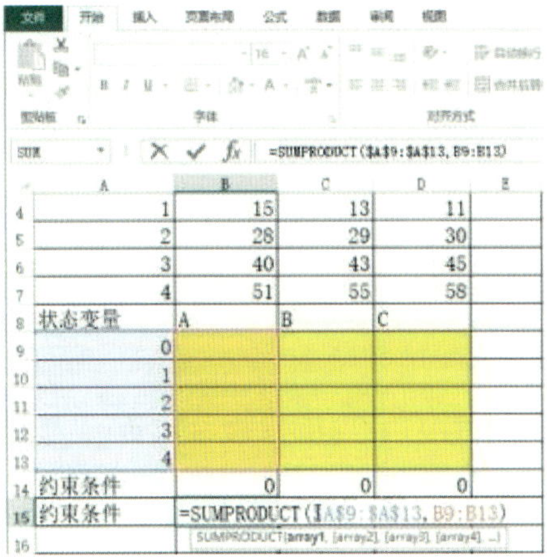

图 4-1-6　约束条件-A 项目投资额 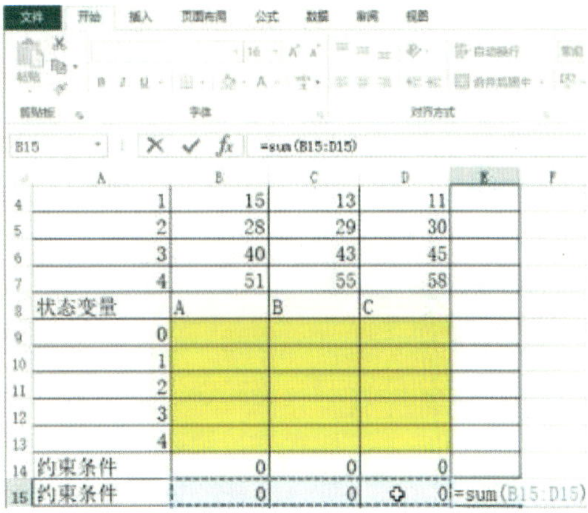　　　　图 4-1-7　约束条件-三项目投资总金额

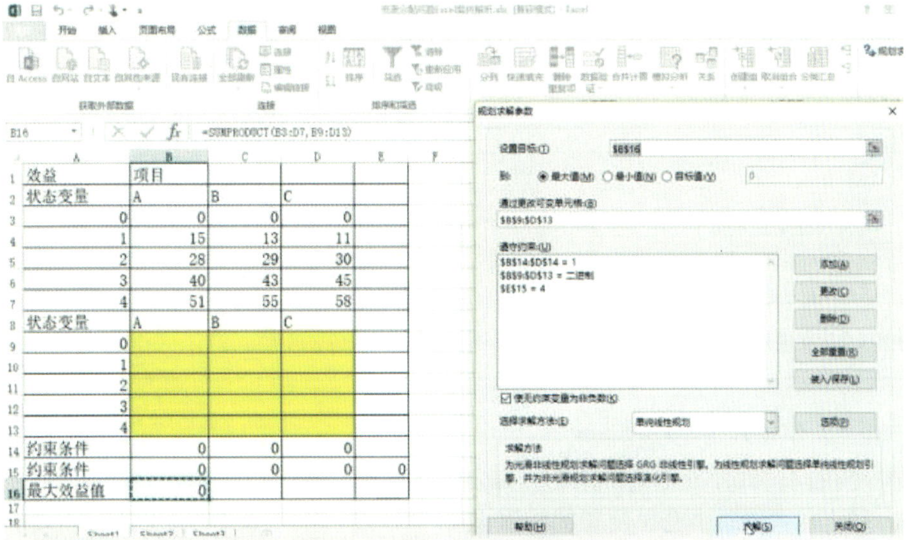

图 4-1-8　规划求解参数设置

第六步：求解最优解，如图 4-1-9 所示。

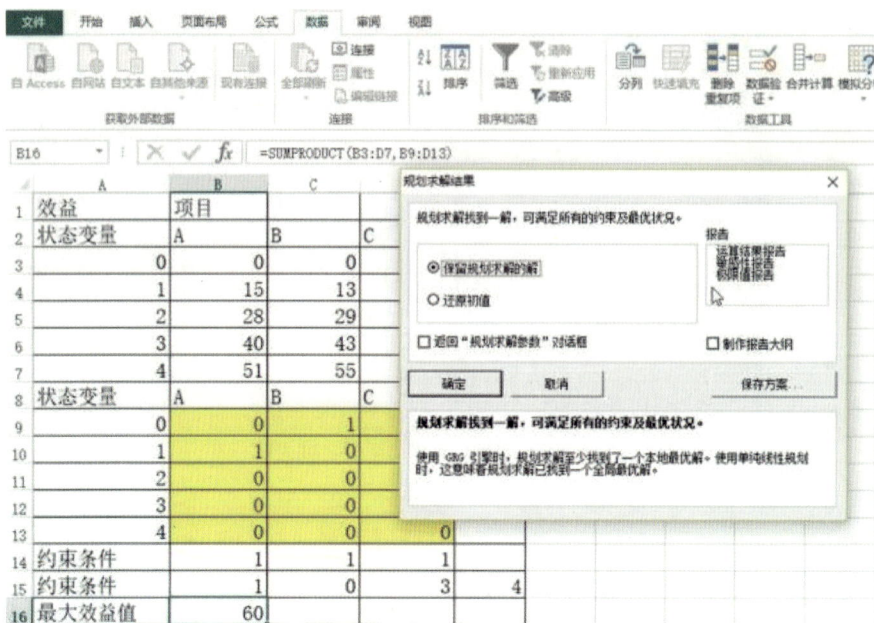

图 4-1-9　最优解

任务实施

步骤一：实析任务真调研。

请同学们秉承求真务实的态度针对合理配置物流设备的意义及现状进行调研，可选取一家企业或多家企业完成调研任务。物流设备分配任务调研表见表 4-1-3。

表 4-1-3　　　　　　　　　　物流设备分配任务调研表

调研内容	调研方案	撰写报告
物流设备配置意义		
物流设备配置方式		课前自主完成
物流设备配置现有优化算法		

步骤二：学思践悟定模型。

引导问题 1：此任务中要解决的问题是什么？（　　　）

A. 确定是否给每个仓库配置的物流设备　　　B. 确定每个仓库应配置的物流设备数量

C. 确定三个仓库应配置的物流设备总数量

62

引导问题 2：此任务中目标函数是什么（　　　）。

A. 总成本最小　　　　　　　　　　　B. 总效益最大

C. 总设备数量最少

引导问题 3：在进行设备分配的时候受到哪些约束？（　　　）

A. 满足每个仓库的需求

B. 可分配设备总数量为 5 台

C. 不受任何约束

D. 以上都不对

步骤三：巧用工具析数据。

请同学们利用规划求解工具完成复兴速达物流公司分拣机分配任务数据分析。

第一步，EXCEL 中录入盈利数据表，如图 4-1-10。

第二步：定义决策变量单元格，如图 4-1-11 所示。

此次决策变量数量为 6×3＝18 个，标黄区域。

	A	B	C	D
1	**盈利最大的分拣机分配问题**			
2	可分配设备台数	甲仓库	乙仓库	丙仓库
3	0	0	0	0
4	1	3	5	4
5	2	7	10	6
6	3	9	11	11
7	4	12	11	12
8	5	13	11	12

图 4-1-10　盈利数据表

	A	B	C	D
1	**盈利最大的分拣机分配问题**			
2	可分配设备台数	甲仓库	乙仓库	丙仓库
3	0	0	0	0
4	1	3	5	4
5	2	7	10	6
6	3	9	11	11
7	4	12	11	12
8	5	13	11	12
9	可分配设备台数	甲仓库	乙仓库	丙仓库
10	0			
11	1			
12	2			
13	3			
14	4			
15	5			

图 4-1-11　定义决策变量单元格

第三步：定义目标函数，如图 4-1-12 所示。

目标函数公式为盈利值与决策变量矩阵对应相乘求和，使用函数为 SUMPRODUCT。

第四步：计算约束条件 1，针对三个仓库分别计算行求和，行求和值等于 1。约束条件 1 如图 4-1-13 所示。

	A	B	C	D
8	5	13	11	12
9	可分配设备台数	甲仓库	乙仓库	丙仓库
10	0			
11	1			
12	2			
13	3			
14	4			
15	5			
16	约束条件1	0	0	0
17	约束条件2	0	0	0
18	分配设备总数	0		
19	最大盈利值	=SUMPRODUCT(		
20		B3:D8，B10:D15)		

图 4-1-12　目标函数

	A	B	C	D
1	盈利最大的分拣机分配问题			
2	可分配设备台数	甲仓库	乙仓库	丙仓库
3	0	0	0	0
4	1	3	5	4
5	2	7	10	6
6	3	9	11	11
7	4	12	11	12
8	5	13	11	12
9	可分配设备台数	甲仓库	乙仓库	丙仓库
10	0			
11	1			
12	2			
13	3			
14	4			
15	5			
16	约束条件1	=SUM(B10:B15)		0

图 4-1-13　约束条件 1

计算约束条件 2，甲仓库可分配设备台数如图 4-1-14 所示。

第五步：针对三个仓库分配分拣机数量，分配总数量等于 5。三个仓库可分配的设备总数，如图 4-1-15 所示。

9	可分配设备台数	甲仓库	乙仓库	丙仓库
10	0			
11	1			
12	2			
13	3			
14	4			
15	5			
16	约束条件1	0	0	0
17	约束条件2	=SUMPRODUCT($A$10:$A$15，B10:B15)	0	0
18	分配设备总数			

图 4-1-14　甲仓库可分配设备台数

9	可分配设备台数	甲仓库	乙仓库	丙仓库
10	0			
11	1			
12	2			
13	3			
14	4			
15	5			
16	约束条件1	0	0	0
17	约束条件2	0	0	0
18	分配设备总数	=SUM(B17:D17)		

图 4-1-15　三个仓库可分配的设备总数

第六步：规划求解。

选择目标函数单元格；选择决策变量单元格为可变单元格；添加约束条件；选择"单纯线性规划"。规划求解参数如图4-1-16所示。

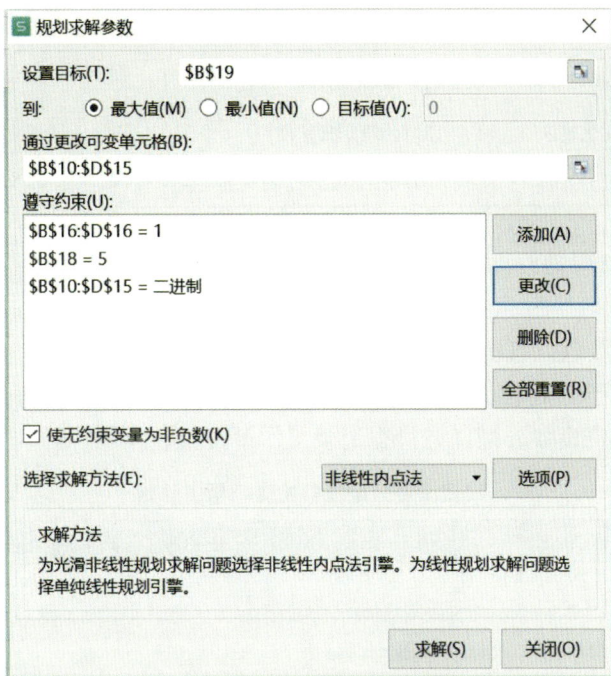

图4-1-16 规划求解参数

第七步：最优分配方案，如图4-1-17所示。

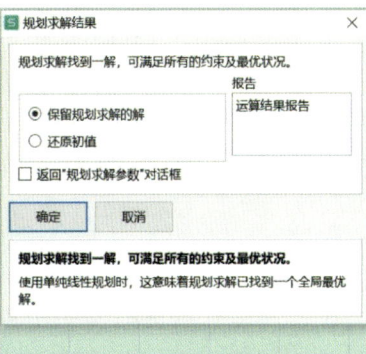

图4-1-17 最优分配方案

最优配送方案：甲仓库分配0台分拣机，乙仓库分配2台分拣机，丙仓库分配分拣机3台；最大盈利值：21万元。

步骤四：践行方案育匠心。

请同学们秉承守正创新的态度针对设备配置方案进行决策分析，撰写任务决策方案分拣机配置任务决策分析表见表4-1-4。

物流设备分配
问题数据分析

表 4 - 1 - 4　　　　　　　　　　　分拣机配置任务决策分析表

工作内容	工作步骤	完成要求
分拣机配置任务决策分析	(1) 可行解分析 (2) 最优解分析	课后自主完成
分拣机配置任务优化建议	(1) 降本、提质、增效 (2) 合理分配资源 (3) 避免不公平、有偏差	

📋 任务评价

　　任务评价的重要性，任务实现的关键在于决策变量定义、数据分析准确度；任务执行效率高的关键在于 EXCEL 中函数调用、数据强制引用的操作技巧。请对照任务标准进行评分，完成物资设备分配任务检查记录工作单，见表 4 - 1 - 5。

表 4 - 1 - 5　　　　　　　　　物资设备分配任务检查记录工作单

检查项目	评分标准	任务标准	记录评分
模型检查 (20 分)	(1) 决策变量 (10 分) (2) 目标函数 (5 分) (3) 约束条件 (5 分)	定义决策变量： $\begin{cases} x_{ij}=1 & \text{第 } i \text{ 分配 } j \text{ 台} \\ x_{ij}=0 & \text{第 } i \text{ 不分配 } j \text{ 台} \end{cases}$ $i=0, 1, 2, 3, 4, 5; j=1, 2, 3$ 定义目标函数： 总盈利最大，盈利额等于所有仓库分配分拣机后盈利的总和 最大盈利值 $\max Z = \sum\limits_{i=0}^{5} \sum\limits_{j=1}^{3} C_{ij} x_{ij}$ 定义约束条件 1：每个仓库分配分拣机的可能性从 6 种选择中仅择其一 $\begin{cases} x_{01}+x_{11}+x_{21}+x_{31}+x_{41}+x_{51}=1 \\ x_{02}+x_{12}+x_{22}+x_{32}+x_{42}+x_{52}=1 \\ x_{03}+x_{13}+x_{23}+x_{33}+x_{43}+x_{53}=1 \end{cases}$ 定义约束条件 2：三个仓库分配分拣机的数量分别用 a_1, a_2, a_3 表示，三个仓库分配分拣机的总数等于 5 台 $\begin{cases} 0x_{01}+1x_{11}+2x_{21}+3x_{31}+4x_{41}+6x_{51}=a_1 \\ 0x_{02}+1\,x_{12}+2\,x_{22}+3x_{32}+4\,x_{42}+5x_{52}=a_2 \\ 0x_{03}+1x_{13}+2\,x_{23}+3x_{33}+4\,x_{43}+5x_{53}=a_3 \\ a_1+a_2+a_3=5 \end{cases}$	

检查项目	评分标准	任务标准	记录评分
EXCEL数据分析检查（30分）	（1）模型数据录入准确（10分） （2）决策变量单元格定义准确（10分） （3）约束条件及目标函数公式准确（10分）		
规划求解检查（50分）	（1）目标值（最大或最小）选择（20分） （2）准确且完整添加约束条件（20分） （3）选择单纯线性规划（10分）		

根据执行任务中出现的问题，精心提炼并记录易错点及改进要点，填入物资设备分配任务易错点总结，见表4-1-6。为进一步的学习积累经验，小组负责人签字。

表4-1-6　　　　　　　　　物资设备分配任务易错点总结

工作分工	工作内容	工作步骤	易错点总结	改进要点
小组名称	建立数学建模	（1）定义决策变量 （2）定义目标函数 （3）定义约束条件		
	EXCEL数据分析	（1）决策变量单元格 （2）约束条件 （3）目标函数		
	最优方案分析	（1）可行解 （2）最优解		

按照数学建模、数据分析和职业素养进行检查，在考核评价表格中进行记录、评分。评分采取扣分制，每项扣完为止。物资设备分配任务考核评价表，见表4-1-7。

表 4 - 1 - 7 　　　　　　　　　　物资设备分配任务考核评价表

项目名称	评价内容	分值	评价分数		
			自评	互评	师评
职业素养 考核项目 40%	穿戴规范、整洁	6分			
	安全意识、责任意识、节约意识	6分			
	积极参加教学活动，按时 完成学生工作活页	10分			
	团队合作、与人交流能力	6分			
	劳动纪律	6分			
	生产现场管理7S标准	6分			
专业能力考核 项目60%	数学建模	20分			
	数据分析	30分			
	优化决策	10分			
总分					
总评	自评（20%）＋互评（20%）＋ 师评（60%）	综合等级	教师（签名）：		

素养成长园地

国家电网公司根据"仓储资源一盘棋，物流配送一张网，实物管理一体化"工作思路，开发建设了电力物流服务平台 ELP。应用电力物流服务平台专业版终端，实时关注物资运输情况，跟踪配送任务的路径信息、预计送达时间，结合"I 国网"APP 实现物资需求及时确认、运输过程实时监控，全面提升配送效率及物资供应服务水平，有效提高了物资配送的实时性、准确性、安全性，为重点电力工程物资运输提供了智能化物流平台服务，确保物资安全运抵施工现场。

ELP为电力物资配送增加"安全锁"（动画）

任务二　制定总成本最少的采购人员分配方案

职业技能目标

通过训练，使学生能够完成采购人员分配方案的数据分析、规划求解、决策方案分析等任务，培养学生具备降本增效的节约意识，个人服务集体意识，全局优化的科学决策能力，使学生能够具有独立完成企业人力资源优化配置的能力，达到为企业制定最优人力资源配置方案的工作职责目标。

任务描述

复兴速达物流公司有 9 个电力物资采购员在全国三个不同市场采购电力物资，这三个市场采购员人数与采购成本的关系即采购成本表，见表4-2-1。请制定使总成本最小的采购人员分配方案。

表4-2-1 　　　　　　　　　　采　购　成　本　表 　　　　　　　（单位：元）

拟安排采购员人数	1人	2人	3人	4人	5人	6人	7人	8人	9人
市场1	135	115	115	100	90	61	52	71	66
市场2	110	93	93	125	105	71	60	90	82
市场3	150	109	109	140	110	84	61	100	97

任务分解

本项任务共分4个部分完成，每一部分均包含3个步骤。一是针对人力资源分配现状进行调研，分析人力资源分配的重要性及不合理的分配带来的危害，可分为制定调研方案，采用文献调研法、实地调研法等实施调研，最后撰写调研报告；二是针对实际任务利用线性规划进行建模，明确决策变量、任务目标及受到的约束条件，约束条件可以是等式或不等式；三是用EXCEL规划求解工具完成数学模型的数据分析任务，具体包括录入数学模型相关数据，在EXCEL中输入目标函数及约束条件公式，并进行规划求解；四是人力资源分配决策方案分析，首先对可行方案进行对比分析，然后结合企业实际情况选择最优方案，并在系统进行虚拟仿真操作，最后给出决策方案及建议。人力资源分配任务分解单如图4-2-1所示，请参考任务分解单，完成人力资源分配方案。

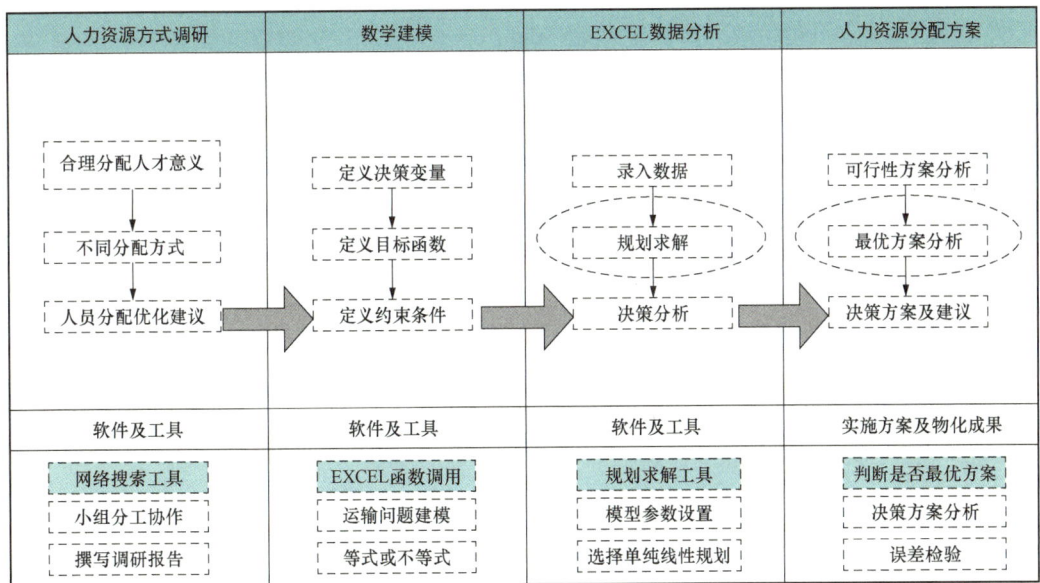

图4-2-1　人力资源分配任务分解单

任务实施

步骤一：实析任务真调研。

请同学们秉承求真务实的态度针对人力资源分配意义及现状进行调研，可选取一家企业或多家企业完成调研任务。人力资源分配任务调研表见表 4-2-2。

采购员优化
分配与实施

表 4-2-2　　　　　　　　　　人力资源分配任务调研表

调研内容	调研方案	撰写报告
人力资源分配意义		课前自主完成
人力资源分配方式		课前自主完成
人力资源分配现有优化算法		

步骤二：学思践悟定模型。

引导问题 1：此任务中要解决的问题是什么？（　　）

A. 确定是否给每个市场配置的采购人员　　B. 确定每个市场应配置的采购人员数量

C. 确定三个市场应配置的采购人员总数量

2. 引导问题 2：此任务中目标函数是什么？（　　）

A. 总成本最小　　　　　　　　　　B. 总效益最大

C. 总人数最少

引导问题 3：在进行采购人员分配的时候受到哪些约束？（　　）

A. 满足每个市场的需求　　　　　　B. 可分配人员总数量为 9 人

C. 不受任何约束　　　　　　　　　D. 以上都不对

步骤三：巧用工具析数据。

请同学们利用规划求解工具完成复兴速达物流公司采购人员数据分析。

第一步：录入采购成本表格数据，采购成本表如图 4-2-2 所示。

采购总成本最小的人员分配方案									
采购员人数	1	2	3	4	5	6	7	8	9
市场1	135	115	115	100	90	61	52	71	66
市场2	110	93	93	125	105	71	60	90	82
市场3	150	109	109	140	110	84	61	100	97

图 4-2-2　采购成本表

第二步：定义决策变量单元格，如图 4-2-3 所示。

此次决策变量数量为 3×9＝27 个，标黄区域。

图 4-2-3　定义决策变量单元格

第三步：定义目标函数。

目标函数公式为采购成本与决策变量矩阵对应相乘求和，使用函数为 SUMPRODUCT。目标函数公式如图 4-2-4 所示。

图 4-2-4　目标函数公式

第四步：约束条件 1，如图 4-2-5 所示。

针对三个市场分别计算行求和，行求和值等于 1。

图 4-2-5　约束条件 1

第五步：约束条件 2，如图 4-2-6 所示。

针对三个市场分配人数，分配总人数值等于 9。

第六步：规划求解。

选择目标函数单元格；选择决策变量单元格为可变单元格；添加约束条件；选择"单纯线性规划"。规划求解参数如图 4-2-7 所示。

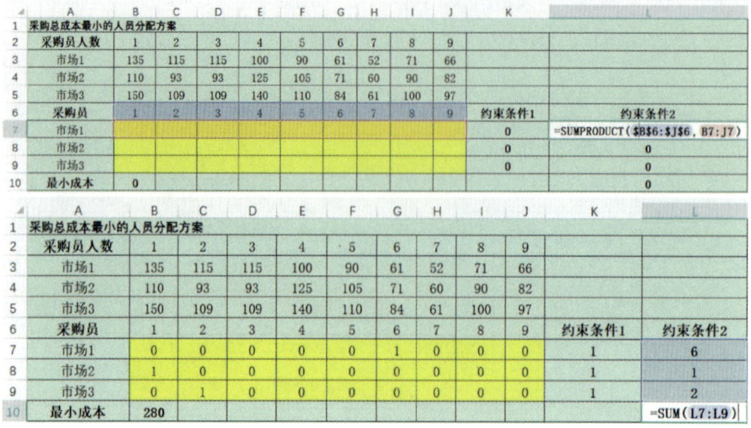

	A	B	C	D	E	F	G	H	I	J	K	L
1	采购总成本最小的人员分配方案											
2	采购员人数	1	2	3	4	5	6	7	8	9		
3	市场1	135	115	115	100	90	61	52	71	66		
4	市场2	110	93	93	125	105	71	60	90	82		
5	市场3	150	109	109	140	110	84	61	100	97		
6	采购员	1	2	3	4	5	6	7	8	9	约束条件1	约束条件2
7	市场1										0	=SUMPRODUCT($B$6:$J$6, B7:J7)
8	市场2										0	0
9	市场3										0	0
10	最小成本	0										0

	A	B	C	D	E	F	G	H	I	J	K	L
1	采购总成本最小的人员分配方案											
2	采购员人数	1	2	3	4	5	6	7	8	9		
3	市场1	135	115	115	100	90	61	52	71	66		
4	市场2	110	93	93	125	105	71	60	90	82		
5	市场3	150	109	109	140	110	84	61	100	97		
6	采购员	1	2	3	4	5	6	7	8	9	约束条件1	约束条件2
7	市场1	0	0	0	0	0	1	0	0	0	1	6
8	市场2	1	0	0	0	0	0	0	0	0	1	1
9	市场3	0	1	0	0	0	0	0	0	0	1	2
10	最小成本	280										=SUM(L7:L9)

图 4-2-6　约束条件 2

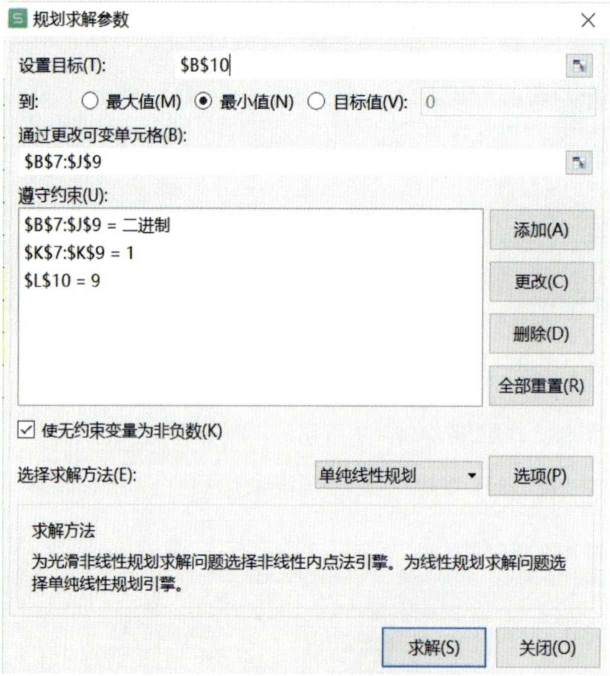

图 4-2-7　规划求解参数

第七步：最优分配方案，如图 4-2-8 所示。

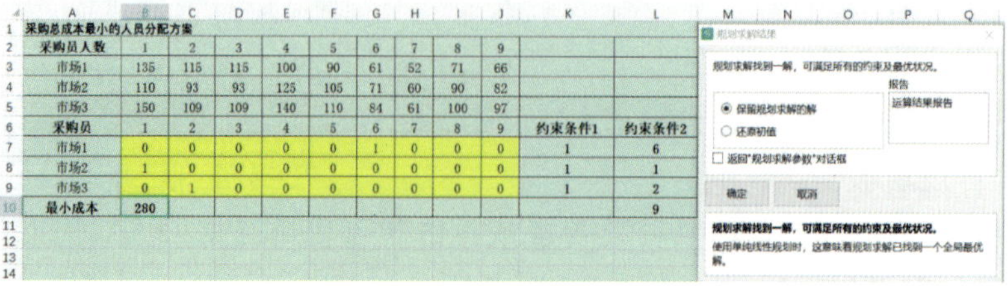

	A	B	C	D	E	F	G	H	I	J	K	L
1	采购总成本最小的人员分配方案											
2	采购员人数	1	2	3	4	5	6	7	8	9		
3	市场1	135	115	115	100	90	61	52	71	66		
4	市场2	110	93	93	125	105	71	60	90	82		
5	市场3	150	109	109	140	110	84	61	100	97		
6	采购员	1	2	3	4	5	6	7	8	9	约束条件1	约束条件2
7	市场1	0	0	0	0	0	1	0	0	0	1	6
8	市场2	1	0	0	0	0	0	0	0	0	1	1
9	市场3	0	1	0	0	0	0	0	0	0	1	2
10	最小成本	280										9

图 4-2-8　最优分配方案

步骤四：践行方案育匠心。

请同学们秉承守正创新的态度针对人力资源分配方案进行决策分析，撰写任务决策方案。人力资源分配决策分析表，见表4-2-3。

表4-2-3　　　　　　　　　　　人力资源分配决策分析表

工作内容	工作步骤	完成要求
人力资源分配任务决策分析	（1）可行解分析 （2）最优解分析	课后自主完成
人力资源分配任务优化建议	（1）节约人力成本 （2）全局优化意识 （3）培养集体意识	

任务评价

任务评价的重要性，任务实现的关键在于决策变量定义、数据分析准确度；任务执行效率高的关键在于EXCEL中函数调用、数据强制引用的操作技巧。请对照任务标准进行评分，完成人力资源分配任务检查记录工作单，见表4-2-4。

表4-2-4　　　　　　　　　　　人力资源分配任务检查记录工作单

检查项目	评分标准	任务标准	记录评分
模型检查 （20分）	（1）决策变量 （10分） （2）目标函数 （5分） （3）约束条件 （5分）	首先：定义决策变量： 定义决策变量：$\begin{cases} x_{ij}=1 & \text{第}i\text{市分配}j\text{名采购员} \\ x_{ij}=0 & \text{第}i\text{市不分配}j\text{名采购员} \\ i=1,2,3;\ j=1,2,3,4,5,6,7,8,9 \end{cases}$ 其次：定义目标函数 采购总成本最小，采购总成本等于所有市场采购成本的总和 最小采购成本 $\min Z = \sum_{i=1}^{8}\sum_{j=1}^{8} C_{ij}\, x_{ij}$ 定义约束条件1：每个市场分配人数的可能性从9种选择中仅择其一 $\begin{cases} x_{11}+x_{12}+x_{13}+x_{14}+x_{15}+x_{16}+x_{17}+x_{18}+x_{19}=1 \\ x_{21}+x_{22}+x_{23}+x_{24}+x_{25}+x_{26}+x_{27}+x_{28}+x_{29}=1 \\ x_{31}+x_{32}+x_{33}+x_{34}+x_{35}+x_{36}+x_{37}+x_{38}+x_{39}=1 \end{cases}$ 定义约束条件2：三个市场分配人数分别用a_1，a_2，a_3表示，三个市场分配采购员的总数等于9人 $\begin{cases} 1x_{11}+2x_{12}+3x_{13}+4x_{14}+5x_{15}+6x_{16}+7x_{17}+8x_{18}+9x_{19}=a_1 \\ 1x_{21}+2x_{22}+3x_{23}+4x_{24}+5x_{25}+6x_{26}+7x_{27}+8x_{28}+9x_{29}=a_2 \\ 1x_{31}+2x_{32}+3x_{33}+4x_{34}+5x_{35}+6x_{36}+7x_{37}+8x_{38}+9x_{39}=a_3 \\ a_1+a_2+a_3=9 \end{cases}$	

检查项目	评分标准	任务标准	记录评分
EXCEL 数据分析检查（30分）	（1）模型数据录入准确（10分） （2）决策变量单元格定义准确（10分） （3）约束条件及目标函数公式准确（10分）	（1）决策变量的意义，取二进制。 （2）EXCEL 中录入数值时注意准确度，尽可能复制粘贴。 （3）EXCEL 中强制引用数据时，单元格需用强制引用符 $，且字母和数字前均需用 $。 （4）约束条件 1 所用函数为 SUM；约束条件 2 所用函数为 SUMPRODUCT，切忌混淆	
规划求解检查（50分）	（1）目标值（最大或最小）选择（20分） （2）准确且完整添加约束条件（20分） （3）选择单纯线性规划（10分）	最优配送方案：市场1分配6人，市场2分配1人，市场3分配2人；最小采购成本：280元	

根据执行任务中出现的问题，精心提炼并记录易错点及改进要点，填入人力资源分配任务易错点总结，见表4-2-5。为进一步的学习积累经验，小组负责人签字。

表4-2-5　　　　　　　　　人力资源分配任务易错点总结

工作分工	工作内容	工作步骤	易错点总结	改进要点
小组名称	建立数学建模	（1）定义决策变量 （2）定义目标函数 （3）定义约束条件		
	EXCEL 数据分析	（1）决策变量单元格 （2）约束条件 （3）目标函数		
	最优方案分析	（1）可行解 （2）最优解		

按照数学建模、数据分析和职业素养进行检查，在考核评价表格中进行记录、评分。评分采取扣分制，每项扣完为止。人力资源分配任务考核评价表，见表4-2-6。

表 4 - 2 - 6　　　　　　　　　　考 核 评 价 表

项目名称	评价内容	分值	评价分数		
			自评	互评	师评
职业素养考核项目 40%	穿戴规范、整洁	6分			
	安全意识、责任意识、节约意识	6分			
	积极参加教学活动，按时完成学生工作活页	10分			
	团队合作、与人交流能力	6分			
	劳动纪律	6分			
	生产现场管理7S标准	6分			
专业能力考核项目 60%	数学建模	20分			
	数据分析	30分			
	优化决策	10分			
总分					
总评	自评（20%）+互评（20%）+师评（60%）	综合等级	教师（签名）：		

🌱 素养成长园地

20世纪50年代初，美国数学家理查得·贝尔曼等人在研究多阶段决策过程的优化问题时提出了著名的最优化原理，动态规划随之而生。

贝尔曼虽然很成功，但是他在中学时对课堂演讲存在深深的恐惧感，每学期的课堂汇报他都要拖到最后一个上台。当他上大学时，这种恐惧仍然存在，但是他强迫自己尽可能多地进行演讲，以克服他的演讲恐惧症。这很符合贝尔曼的处事原则"一旦我开始了，就会做得很好"。

1973年贝尔曼被诊断出患有脑瘤。由于手术后的并发症，他几乎完全瘫痪了。尽管如此，他仍然非常积极地进行数学研究，在他生命的剩余10年里，他写了大约100篇论文。理查得·贝尔曼一生中获奖无数、荣誉无数，但最重要的是，除了贝尔曼传奇的名声之外，他所表现出的勇气和伟大也让他获得了所有他认识的以及认识他的人的钦佩和喜爱。

贝尔曼也有演讲恐惧症？

任务三　制定年利润最大的乡村物流驿站选址方案

⭐ 职业技能目标

通过训练，使学生能够完乡村物流驿站选址方案的数据分析、规划求解、决策方案分析等任务，培养学生具备乡村振兴意识，提质降本增效意识，全局优化的科学决策能力，使学生能够具有独立完成企业物流驿站选址的能力，达到为企业制定最优选址方案的工作职责目标。

⚡🧑 **任务描述**

复兴速达物流公司计划在某乡镇的东、南、西、北四个村庄建立复兴快递驿站，拟定 10 个位置可供选择，考虑到各村居民居住密集度，规定：

在东区由 A1、A2、A3 三个点至多选择两个；在西区由 A4、A5 两个点中至少选一个；在南区由 A6、A7 两个点中至少选一个；在北区由 A8、A9、A10 三个点中至少选两个。Aj 各点的投资及每年可获利润由于地点而不同，候选地址年投资及年利润见表 4 - 3 - 1。但投资总额不超过 720 万元，问应选择哪几个快递驿站，可使年利润最大？

表 4 - 3 - 1　　　　　　　　　候选地址年投资额及年利润　　　　　　　　（单位：万元）

候选地址	年投资额	年利润
A1	100	36
A2	120	40
A3	150	50
A4	80	22
A5	70	20
A6	90	30
A7	80	25
A8	140	48
A9	160	58
A10	180	61

🔬 **任务分解**

本项任务共分 4 个部分完成，每一部分均包含 3 个步骤。一是针对乡村物流驿站建设现状进行调研，分析乡村物流驿站建设的重要性及不合理的分配带来的危害，可分为制定调研方案，采用文献调研法、实地调研法等实施调研，最后撰写调研报告；二是针对实际任务利用整数规划进行建模，明确决策变量、任务目标及受到的约束条件，约束条件可以是等式或不等式；三是用 EXCEL 规划求解工具完成数学模型的数据分析任务，具体包括录入数学模型相关数据，在 EXCEL 中输入目标函数及约束条件公式，并进行规划求解；四是乡村物流驿站建设决策方案分析，首先对可行方案进行对比分析，然后结合企业实际情况选择最优方案，并在系统进行虚拟仿真操作，最后给出决策方案及建议。乡村物流驿站选址任务分解单如图 4 - 3 - 1 所示，请参考任务分解单，完成乡村物流驿站建设方案。

选址方式调研	数学建模	EXCEL数据分析	物流驿站选址方案
合理选择意义 → 不同选择方法调研 → 合理选址建议	定义决策变量 → 定义目标函数 → 定义约束条件	录入数据 → 规划求解 → 决策分析	可行性方案分析 → 最优方案分析 → 决策方案及建议
软件及工具	软件及工具	软件及工具	实施方案及物化成果
网络搜索工具 / 小组分工协作 / 撰写调研报告	EXCEL函数调用 / 运输问题建模 / 等式或不等式	规划求解工具 / 模型参数设置 / 选择单纯线性规划	判断是否最优方案 / 决策方案分析 / 误差检验

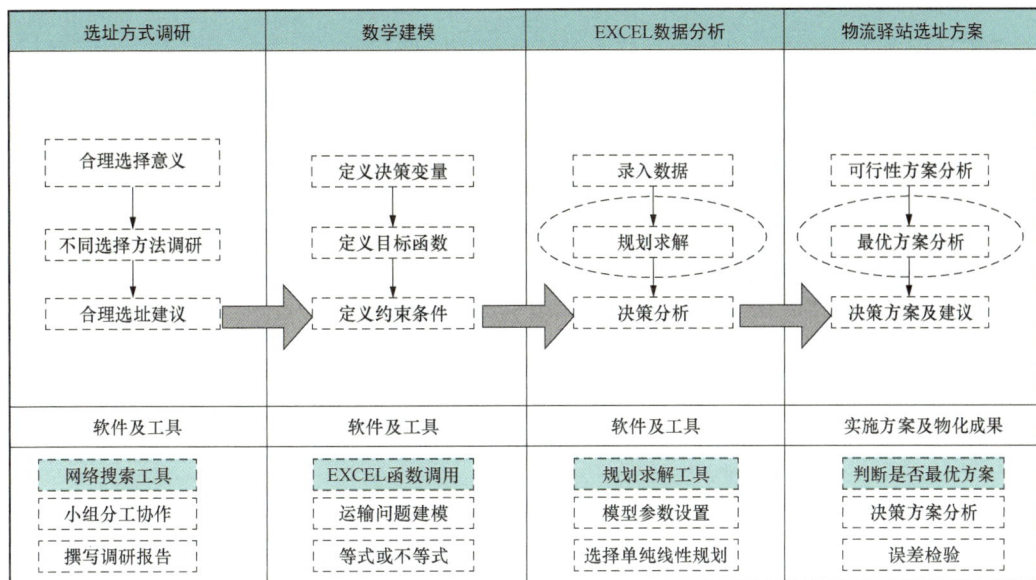

图 4-3-1　乡村物流驿站选址任务分解单

任务实施

步骤一：实析任务真调研。

请同学们秉承求真务实的态度针对乡村物流驿站建设意义及现状进行调研，可选取一家企业或多家企业完成调研任务。乡村物流驿站选址任务调研表，见表 4-3-2。

表 4-3-2　　　　　　　　乡村物流驿站选址任务调研表

调研内容	调研方案	撰写报告
乡村物流驿站建设意义		课前自主完成
乡村物流驿站建设现状		
乡村物流驿站建设建议		

步骤二：学思践悟定模型。

引导问题 1：此任务中要解决的问题是什么？

A. 确定乡村物流驿站选址地点　　　　B. 确定是否在该地址建设物流驿站

C. 确定乡村物流驿站建设数量

引导问题 2：此任务中目标函数是什么（　　）。

A. 总成本最小　　　　　　　　　　　B. 总数量最少

C. 总利润最大

引导问题 3：在进行选址的时候受到哪些约束？（　　　）

A. 每个地址都可以选择　　　　　　　　B. 每个地址都必须选择

C. 东区、西区、南区、北区选址数量受限　D. 投资总额受限

步骤三：巧用工具析数据。

请同学们利用规划求解工具完成复兴速达物流公司乡村物流驿站选址问题的数据分析。

第一步：录入物流驿站的候选地址相关数据，如图 4-3-2 所示。

	候选地址	年投资额/万元	年利润/万元
	制定年利润最大的乡村物流驿站选址方案		
东区	A1	100	36
	A2	120	40
	A3	150	50
西区	A4	80	22
	A5	70	20
南区	A6	90	30
	A7	80	25
北区	A8	140	48
	A9	160	58
	A10	180	61

图 4-3-2　候选地址相关数据

第二步：定义决策变量单元格，如图 4-3-3 所示。

此次决策变量数量为 10 个，标黄区域。

	候选地址	年投资额/万元	年利润/万元	决策变量
	制定年利润最大的乡村物流驿站选址方案			
东区	A1	100	36	
	A2	120	40	
	A3	150	50	
西区	A4	80	22	
	A5	70	20	
南区	A6	90	30	
	A7	80	25	
北区	A8	140	48	
	A9	160	58	
	A10	180	61	

图 4-3-3　定义决策变量单元格

第三步：定义目标函数。

目标函数公式为各地址年利润与决策变量矩阵对应相乘求和，使用函数为 SUM-PRODUCT。目标函数公式如图 4-3-4 所示。

第四步：约束条件 1。

针对四个区域选址数量限制，设定 4 个约束条件。约束条件 1，如图 4-3-5 所示。

第五步：约束条件 2。

针对 10 个地址投资总额限制 720，设定约束条件。约束条件 2，如图 4-3-6 所示。

第六步：规划求解。

选择目标函数单元格；选择决策变量单元格为可变单元格；添加约束条件；选择

"单纯线性规划"。规划求解参数如图 4 - 3 - 7 所示。

SUM ×✓ fx =SUMPRODUCT(D3:D12,$E$3:$E$12)

	候选地址	年投资额/万元	年利润/万元	决策变量
东区	A1	100	36	
	A2	120	40	
	A3	150	50	
西区	A4	80	22	
	A5	70	20	
南区	A6	90	30	
	A7	80	25	
北区	A8	140	48	
	A9	160	58	
	A10	180	61	
东区选址约束条件	0			
西区选址约束条件	0			
南区选址约束条件	0			
北区选址约束条件	0			
总投资额约束	0			
年利润总额	=SUMPRODUCT(D3:D12, $E$3:$E$12)			

图 4 - 3 - 4　目标函数公式

SUM ×✓ fx =SUM(E3:E5)

制定年利润最大的乡村物流驿站选址方案				
	候选地址	年投资额/万元	年利润/万元	决策变量
东区	A1	100	36	
	A2	120	40	
	A3	150	50	
西区	A4	80	22	
	A5	70	20	
南区	A6	90	30	
	A7	80	25	
北区	A8	140	48	
	A9	160	58	
	A10	180	61	
东区选址约束条件	=SUM(E3:E5)			
西区选址约束条件	0			
南区选址约束条件	0			
北区选址约束条件	0			
总投资额约束	0			
年利润总额				

图 4 - 3 - 5　约束条件 1

SUM ×✓ fx =SUMPRODUCT(C3:C12,$E$3:$E$12)

制定年利润最大的乡村物流驿站选址方案				
	候选地址	年投资额/万元	年利润/万元	决策变量
东区	A1	100	36	
	A2	120	40	
	A3	150	50	
西区	A4	80	22	
	A5	70	20	
南区	A6	90	30	
	A7	80	25	
北区	A8	140	48	
	A9	160	58	
	A10	180	61	
东区选址约束条件	0			
西区选址约束条件	0			
南区选址约束条件	0			
北区选址约束条件	0			
总投资额约束	=SUMPRODUCT(C3:C12, $E$3:$E$12)			
年利润总额				

图 4 - 3 - 6　约束条件 2

第七步：最优选址方案，如图4-3-8所示。

图4-3-7 规划求解参数

图4-3-8 最优选址方案

步骤四：践行方案育匠心。

请同学们秉承守正创新的态度针对乡村物流驿站建设方案进行决策分析，撰写任务决策方案。乡村物流驿站选址任务决策分析表，见表4-3-3。

表 4 - 3 - 3　　　　　　　　　　乡村物流驿站选址任务决策分析表

工作内容	工作步骤	完成要求
乡村物流驿站建设任务决策分析	（1）可行解分析 （2）最优解分析	课后自主完成
乡村物流驿站 建设任务优化建议	（1）提质、降本、增效意识 （2）全局优化意识 （3）培养乡村振兴意识	

任务评价

　　任务评价的重要性，任务实现的关键在于决策变量定义、数据分析准确度；任务执行效率高的关键在于 EXCEL 中函数调用、数据强制引用的操作技巧。请对照任务标准进行评分，完成乡村物流驿站选址任务检查记录工作单，见表 4 - 3 - 4。

乡村物流驿站
选址问题

表 4 - 3 - 4　　　　　　　乡村物流驿站选址任务检查记录工作单

检查项目	评分标准	任务标准	记录评分
模型检查 （20分）	（1）决策变量 （10分） （2）目标函数（5分） （3）约束条件（5分）	首先：定义决策变量： 定义决策变量：$\begin{cases}x=1 & \text{选择第 } i \text{ 个地址}\\ x_i=0 & \text{不选择第 } i \text{ 个地址}\\ i=1,2,3; j=1,2,3,4,5,6,7,8,9,10\end{cases}$ 其次：定义目标函数 总利润最大，投资驿站获取利润的总和 $$\max Z = \sum_{i=1}^{10} D_i x_i$$ 总利润最大 定义约束条件1：4个地区选址数量限额 $$\begin{cases}x_1+x_2+x_3 \leqslant 2\\ x_4+x_5 \geqslant 1\\ x_6+x_7 \geqslant 1\\ x_8+x_9+x_{10} \geqslant 2\end{cases}$$ 定义约束条件2：10个地址投资额上限为720万元。 $$\sum_{i=1}^{10} C_i x_i \leqslant 720$$	
EXCEL 数据分析检查 （30分）	（1）模型数据录入准确（10分） （2）决策变量单元格定义准确（10分） （3）约束条件及目标函数公式准确（10分）		

检查项目	评分标准	任务标准	记录评分
规划求解检查（20分）	（1）目标值（最大或最小）选择（20分） （2）准确且完整添加约束条件（20分） （3）选择单纯线性规划（10分）	（1）决策变量的意义，取二进制； （2）EXCEL中录入数值时注意准确度，尽可能复制粘贴； （3）EXCEL中强制引用数据时，单元格需用强制引用符 $，且字母和数字前均需用 $； （4）约束条件 1 所用函数为 SUM；约束条件 2 所用函数为 SUMPRODUCT，切忌混淆。 规划求解参数 × 设置目标(T): $B$18 到: ⊙ 最大值(M) ○ 最小值(N) ○ 目标值(V): 0 通过更改可变单元格(B): $E$3:$E$18 遵守约束(U): $B$17 <= 720 添加(A) $E$3:$E$12 = 二进制 $B$13 <= 2 更改(C) $B$16 >= 2 $B$14:$B$15 <= 1 删除(D) 全部重置(R) ☑ 使无约束变量为非负数(K) 选择求解方法(E): 单纯线性规划 ▾ 选项(P) 求解方法 为光滑非线性规划求解问题选择非线性内点法引擎。为线性规划求解问题选择单纯线性规划引擎。 求解(S) 关闭(O)	

根据执行任务中出现的问题，精心提炼并记录易错点及改进要点，填入乡村物流驿站选址任务易错点总结，见表 4-3-5。为进一步的学习积累经验，小组负责人签字。

表 4-3-5   乡村物流驿站选址任务易错点总结

工作分工	工作内容	工作步骤	易错点总结	改进要点
小组名称	建立数学建模	（1）定义决策变量		
		（2）定义目标函数		
		（3）定义约束条件		
	EXCEL 数据分析	（1）决策变量单元格		
		（2）约束条件		
		（3）目标函数		
	最优方案分析	（1）可行解		
		（2）最优解		

按照数学建模、数据分析和职业素养进行检查，在考核评价表格中进行记录、评分。评分采取扣分制，每项扣完为止。乡村物流驿站选址任务考核评价表，见表4-3-6。

表4-3-6　　　　　　　　乡村物流驿站选址任务考核评价表

项目名称	评价内容	分值	评价分数		
			自评	互评	师评
职业素养考核项目40%	穿戴规范、整洁	6分			
	安全意识、责任意识、节约意识	6分			
	积极参加教学活动，按时完成学生工作活页	10分			
	团队合作、与人交流能力	6分			
	劳动纪律	6分			
	生产现场管理7S标准	6分			
专业能力考核项目60%	数学建模	20分			
	数据分析	30分			
	优化决策	10分			
总分					
总评	自评（20%）＋互评（20%）＋师评（60%）	综合等级	教师（签名）：		

🌱 **素养成长园地**

网购水果烂在了路上，农村快递要到镇上去取……这是民生小事，也是国家大事。然而，在一些农村地区，还存在物流运输价格高、配送不及时、折损率较高等现象，不仅增加了农户经营成本，也影响了农产品品质和消费者购买体验，农村物流"最后一公里"是一条不好走但意义巨大的路。与需求形成鲜明对比的是，农村物流面临着基础设施落后、物流成本居高不下、公共服务平台缺失等问题。想要推动更多农产品走向更大市场，让农产品更快送到消费者手中，降低物流成本、提高物流效率是重中之重。乡村振兴，物流先行，从某种程度上说，物流体系的完善健全与否，决定着乡村振兴的速度和成色，乡村振兴，农村物流必须"兴"。

物流储配中心
项目管理

乡村振兴，农村
物流必须"兴"

项目五 编制物流任务指派方案

本项目学习目标

素质目标

（1）树立知人善用、协同统筹的创新思维。

（2）培养解决能力差异矛盾的担当和智慧。

知识目标

（1）学会建立指派问题数学模型。

（2）掌握指派问题的匈牙利法。

技能目标

（1）能够用 EXCEL 求解运输问题。

（2）能够用指派问题灵活解决企业实际问题。

任务一 新能源物流车换电站指派任务优化与实施

职业技能目标

通过训练，使学生能够在 EXCEL 中准确录入新能源物流车换电站充电效率数据，利用规划求解工具完成换电站指派任务的数据分析，并且给出优化决策分析方案。使学生具备物流资源优化配置的能力，达到胜任物流资源管理岗位工作职责的目标。

任务情境

电气化交通系统和推广新能源发电能够大量减少碳排放，可以促使智能电网更环保、更持续。新能源物流车的推广不仅在交通层面实现零污染零排放，还兼具负荷和储能的特性，可以对电力系统的运行起到重要辅助作用。然而，里程焦虑和长时间的充电等待依旧掣肘着新能源物流车的发展，目前除了充电模式之外最有前景的一种新型新能源物流车能量恢复方式—换电模式，即是指用一个满充电池替换新能源物流车中行将耗尽的电池，从而在短时间内恢复新能源物流车的能量。但是当满充电池无法及时供应时反而会造成新能源物流车在换电站的拥堵和长时间等待，大大降低系统整体的效率。因此，针对当前换电站服务能力受限的情况，综合考虑电力系统和交通系统的影响，建设一个考虑换电站拥堵的换电调度问题，对有换电需求的新能源物流车进行最优的换电站指派，目标是争取最小化新能源物流车总行驶成本和换电站总拥堵程度的权重和。

⚡👤 **任务描述**

复兴速达物流公司有一组新能源物流车车队，假设它们装配有可更换的电池，当电池电量将要耗尽时，系统将集中式地为它们指派换电站去更换满充电池。假设在当前同一个时间段请求换电的新能源物流车集合为 i（$i=1$，2，3，…，9），需要为每一辆新能源物流车最优指派一个换电站 j（$j=1$，2，3，…，9）从而最小化整体新能源物流车成本和换电站拥堵的权重和。假设新能源物流车单位换电成本如表 5-1-1 所示。请为每一辆车指派换电站，并使得总换电成本最小。

表 5-1-1　　　　　　　　　　新能源物流车单位换电成本表　　　　　（单位：百元/次）

汽车	换电站 A	换电站 B	换电站 C	换电站 D	换电站 E	换电站 F	换电站 G	换电站 H	换电站 I
汽车 1	1.05	0.932	0.951	0.946	0.988	0.876	0.843	0.999	1.002
汽车 2	1.047	0.948	0.921	0.925	0.967	0.925	1.032	1.015	0.948
汽车 3	0.831	0.944	0.833	1.031	0.957	0.878	1.002	0.925	0.831
汽车 4	0.941	1.05	1	1.044	1.032	1.015	1.044	1.05	1.015
汽车 5	0.948	1.02	0.948	1.015	0.866	1.02	0.925	0.831	0.921
汽车 6	0.944	1.044	0.944	0.925	1.044	1.044	1.05	1.044	0.948
汽车 7	1.05	1.015	1.05	0.948	1.044	1.015	1.044	0.921	1.044
汽车 8	1.02	0.948	1.02	0.944	1.05	0.831	0.925	1.032	0.999
汽车 9	1.05	0.932	0.951	0.946	0.988	0.876	0.843	0.999	1.002

⚗️ **任务分解**

本项任务共分 4 个部分完成，每一部分均包含 3 个步骤。一是针对指派问题进行调研，分析不合理的指派带来的危害，可分为制定调研方案，采用文献调研法、实地调研法等实施调研，最后撰写调研报告；二是针对实际任务利用指派问题进行建模，明确决策变量、任务目标及受到的约束条件，约束条件可以是等式或不等式；三是用 EXCEL 规划求解工具完成数学模型的数据分析任务，具体包括录入数学模型相关数据，在 EXCEL 中输入目标函数及约束条件公式，并进行规划求解；四是指派决策方案分析，首先对可行方案进行对比分析，然后结合企业实际情况选择最优方案，并在系统进行虚拟仿真操作，最后给出决策方案及建议。具体任务分解流程请参考指派问题任务分解单如图 5-1-1 所示。

【知识学习】标准指派问题

指派问题是整数规划的一类重要问题。也是在实际生活中经常遇到的一种问题：由 n 项不同的工作或任务，需要 n 个人去完成（每人只能完成一项工作）。由于每人的知识、能力、经验等不同，故各人完成不同任务所需的时间（或其他资源）不同。问应只排哪个人完成何项工作所消耗的总资源最少（或创造的总价值最大）？

现有 4 个分拣任务，要分派给 4 个分拣作业班组，每个班组负责一项分拣任务。由于各个班组的技术专长不同，各个班组分拣不同项目所需时间即分拣作

指派问题数学模型

应急救援任务	数学建模	EXCEL数据分析	无人机配送指派方案
应急救援的意义	定义决策变量	录入数据	可行性方案分析
应急救援存在问题	定义目标函数	规划求解	最优方案分析
应急救援优化建议	定义约束条件	决策分析	决策方案及建议
软件及工具	**软件及工具**	**软件及工具**	**实施方案及物化成果**
网络搜索工具	EXCEL函数调用	规划求解工具	判断是否最优方案
小组分工协作	运输问题建模	模型参数设置	决策方案分析
撰写调研报告	等式或不等式	选择单纯线性规划	误差检验

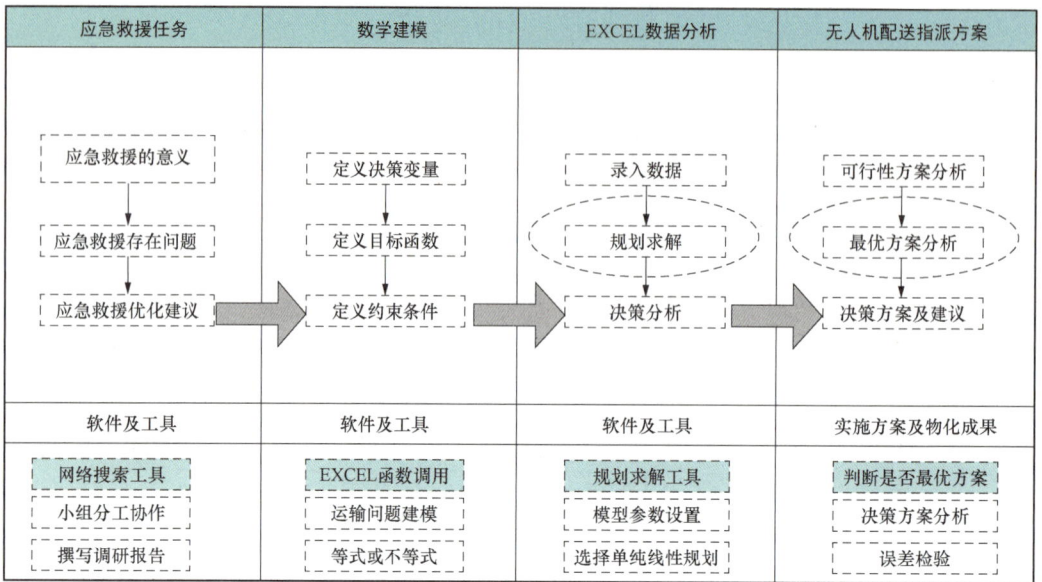

图 5-1-1 指派问题任务分解单

业效率，见表 5-1-2。问派班员应如何分配分拣任务，才能使分拣所花总时间最少。

表 5-1-2 分 拣 作 业 效 率 表 （单位：min）

派班员	A	B	C	D
甲	15	18	21	24
乙	19	23	22	18
丙	26	17	16	19
丁	19	21	23	17

类似的例子很多：如有 n 项任务，如何分派到 n 台机床上加工使总费用最低；有 n 条航线，怎样指定 n 艘船去航行等。对于每个指派问题，所给出的类似于上表那样的表格称为系数矩阵，其元素 cij 根据实际问题的不同，可表示时间、费用、距离等。

【技能学习】指派问题数据处理与分析

实验名称：指派问题的 Excel 建模求解。

实验目的：掌握在 Excel 中建立指派模型和求解方法。

问题描述：某物流公司指派甲乙丙丁戊五名分拣员负责五个分拣区 ABCDE 的分拣工作，由于分拣员分拣设备操作熟练程度不同，在不同分拣区作业效率存在差异，请设计合理的指派方案，使得分拣作业效率最大。已知分拣效率，见表 5-1-3。

物流中心分拣员指派问题

表 5-1-3 分 拣 效 率 表 （单位：min）

效率值	A	B	C	D	E
甲	1	8	9	2	1
乙	5	6	3	10	7

效率值	A	B	C	D	E
丙	3	10	4	11	3
丁	7	7	5	4	8
戊	4	2	6	3	9

第一步：输入指派问题效率矩阵表，如图 5-1-2 所示。

第二步：定义决策变量单元格，如图 5-1-3 所示。

图 5-1-2　指派问题效率矩阵表

图 5-1-3　定义决策变量单元格

第三步：输入约束条件。

决策变量单元格行求和约束条件如图 5-1-4 所示，列求和约束条件如图 5-1-5 所示。

图 5-1-4　行求和约束条件

图 5-1-5　列求和约束条件

第四步：输入目标函数如图 5-1-6 所示。

＝sumproduct（B3：F7，B10：F14）。

图 5-1-6　目标函数

第五步：规划求解参数设置如图 5-1-7 所示。

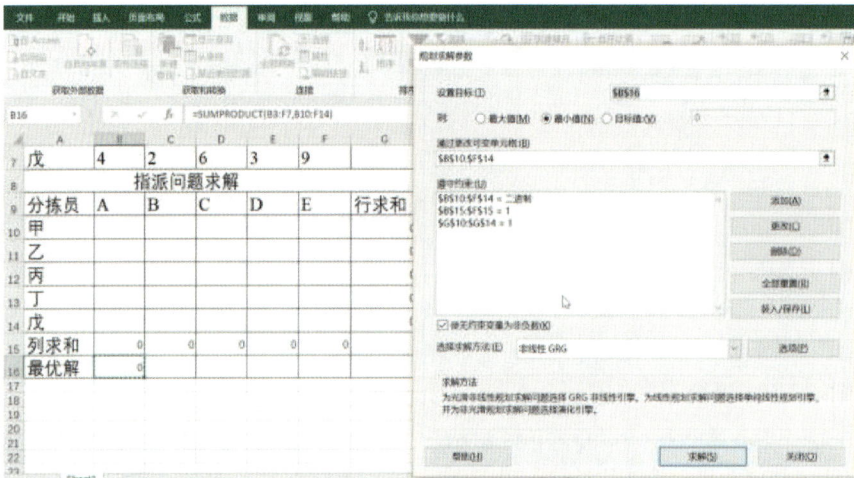

图 5-1-7　规划求解参数设置

第六步：指派问题最优解如图 5-1-8 所示。

图 5-1-8　指派问题最优解

指派问题
数据分析

物流中心装卸搬
运任务指派

任务实施

步骤一：实析任务真调研。

请同学们秉承求真务实的态度针对企业遇到的标准指派问题及现状进行调研，可选取一家企业或多家企业完成调研任务。重点从标准指派意义、指派方式和方法等几个方面进行调研，标准指派任务调研表，见表5-1-4。

表5-1-4 标准指派任务调研表

调研内容	调研方法	撰写报告
标准指派意义		
标准指派方式和工具		课前自主完成
标准指派现有优化算法		

步骤二：学思践悟定模型。

数学建模过程是重点也是难点，在学习中多思考，在实践练习中领悟数学建模的原理。本步骤中需严谨审慎思考引导问题，讨论本任务数学建模三要素：决策变量、目标函数、约束条件，并完成数学建模。

引导问题1：此任务中决策变量是什么？（　　）

A. 换电站给新能源物流车充电度数

B. 换电站给新能源物流车充电价格

C. 换电站给新能源物流车充电的时间

D. 新能源物流车去哪一个换电站进行电池更换

引导问题2：此任务中目标函数是什么？（　　）

A. 换电站给新能源物流车充电总度数最多

B. 换电站给新能源物流车充电总价格最低

C. 换电站给新能源物流车充电的总时间最短

D. 新能源物流车去换电站充电总成本最少

引导问题3：此任务中约束条件是什么？（　　）

A. 每个换电站只能给其中一个新能源物流车实施配送

B. 一个新能源物流车只能由一个换电站实施配送

C. 决策变量大于等于零

D. 决策变量取二进制

步骤三：巧用工具析数据。

第一步：录入换电成本表格数据，如图5-1-9所示。

		换电站A	换电站B	换电站C	换电站D	换电站E	换电站F	换电站G	换电站H	换电站I
1										
2		换电站A	换电站B	换电站C	换电站D	换电站E	换电站F	换电站G	换电站H	换电站I
3	车1	1.05	0.932	0.951	0.946	0.988	0.876	0.843	0.999	1.002
4	车2	1.047	0.948	0.921	0.925	0.967	0.925	1.032	1.015	0.948
5	车3	0.831	0.944	0.833	1.031	0.957	0.878	1.002	0.925	0.831
6	车4	0.941	1.05	1	1.044	1.032	1.015	1.044	1.05	1.015
7	车5	0.948	1.02	0.948	1.015	0.866	1.02	0.925	0.831	0.921
8	车6	0.944	1.044	0.944	0.925	1.044	1.044	1.05	1.044	0.948
9	车7	1.05	1.015	1.05	0.948	1.044	1.015	1.044	0.921	1.044
10	车8	1.02	0.948	1.02	0.944	1.05	0.831	0.925	1.032	0.999
11	车9	1.05	0.932	0.951	0.946	0.988	0.876	0.843	0.999	1.002

图5-1-9 换电成本数据表

第二步：定义决策变量单元格，此次决策变量数量为9×9＝81个。决策变量如图5-1-10所示。

图5-1-10 决策变量

第三步：定义目标函数。

目标函数公式为单位成本表格与决策变量矩阵对应相乘求和，使用函数为SUMPRODUCT。目标函数如图5-1-11所示。

第四步：定义约束条件。

计算行约束条件，行求和等于1，行求和约束条件如图5-1-12所示；计算列约束条件，列求和等于1。列求和约束条件如图5-1-13所示。

第五步：规划求解。

选择目标函数单元格；选择决策变量单元格为可变单元格；添加约束条件；选择

"单纯线性规划"。规划求解参数设置如图 5-1-14 所示。

	换电站A	换电站B	换电站C	换电站D	换电站E	换电站F	换电站G	换电站H	换电站I
				新能源物流车单位换电成本表					
车1	1.05	0.932	0.951	0.946	0.988	0.876	0.843	0.999	1.002
车2	1.047	0.948	0.921	0.925	0.967	0.925	1.032	1.015	0.948
车3	0.831	0.944	0.833	1.031	0.957	0.878	1.002	0.925	0.831
车4	0.941	1.05	1	1.044	1.032	1.015	1.044	1.05	1.015
车5	0.948	1.02	0.948	1.015	0.866	1.02	0.925	0.831	0.921
车6	0.944	1.044	0.944	0.925	1.044	1.044	1.05	1.044	0.948
车7	1.05	1.015	1.05	0.948	1.044	1.015	1.044	0.921	1.044
车8	1.02	0.948	1.02	0.944	1.05	0.831	0.925	1.032	0.999
车9	1.05	0.932	0.951	0.946	0.988	0.876	0.843	0.999	1.002
	换电站A	换电站B	换电站C	换电站D	换电站E	换电站F	换电站G	换电站H	换电站I
车1									
车2									
车3									
车4									
车5									
车6									
车7									
车8									
车9									
最小换电成本	=SUMPRODUCT(								

图 5-1-11　目标函数

	换电站A	换电站B	换电站C	换电站D	换电站E	换电站F	换电站G	换电站H	换电站I	
					新能源物流车单位换电成本表					
车1	1.05	0.932	0.951	0.946	0.988	0.876	0.843	0.999	1.002	
车2	1.047	0.948	0.921	0.925	0.967	0.925	1.032	1.015	0.948	
车3	0.831	0.944	0.833	1.031	0.957	0.878	1.002	0.925	0.831	
车4	0.941	1.05	1	1.044	1.032	1.015	1.044	1.05	1.015	
车5	0.948	1.02	0.948	1.015	0.866	1.02	0.925	0.831	0.921	
车6	0.944	1.044	0.944	0.925	1.044	1.044	1.05	1.044	0.948	
车7	1.05	1.015	1.05	0.948	1.044	1.015	1.044	0.921	1.044	
车8	1.02	0.948	1.02	0.944	1.05	0.831	0.925	1.032	0.999	
车9	1.05	0.932	0.951	0.946	0.988	0.876	0.843	0.999	1.002	
	换电站A	换电站B	换电站C	换电站D	换电站E	换电站F	换电站G	换电站H	换电站I	行求和
车1										=SUM(B13:J13)
车2										0
车3										0
车4										0
车5										0
车6										0
车7										0
车8										0
车9										0
最小换电成本	0									

图 5-1-12　行求和约束条件

第六步：最优方案，如图 5-1-15 所示。

步骤四：践行方案育匠心。

决策方案单一可能会带来不稳妥的决策结论，以及不可靠或不科学的问题。请同学们践行守正创新、不断钉钉子的求学精神，针对指派问题问题方案进行仿真实施，撰写任务决策方案。指派问题方案决策分析表见表 5-1-5。

疫情封控区电力物资配送数据分析

	换电站A	换电站B	换电站C	换电站D	换电站E	换电站F	换电站G	换电站H	换电站I	
					新能源物流车单位换电成本表					
车1	1.05	0.932	0.951	0.946	0.988	0.876	0.843	0.999	1.002	
车2	1.047	0.948	0.921	0.925	0.967	0.925	1.032	1.015	0.948	
车3	0.831	0.944	0.833	1.031	0.957	0.878	1.002	0.925	0.831	
车4	0.941	1.05	1	1.044	1.032	1.015	1.044	1.05	1.015	
车5	0.948	1.02	0.948	1.015	0.866	1.02	0.925	0.831	0.921	
车6	0.944	1.044	0.944	0.925	1.044	1.044	1.05	1.044	0.948	
车7	1.05	1.015	1.05	0.948	1.044	1.015	1.044	0.921	1.044	
车8	1.02	0.948	1.02	0.944	1.05	0.831	0.925	1.032	0.999	
车9	1.05	0.932	0.951	0.946	0.988	0.876	0.843	0.999	1.002	
	换电站A	换电站B	换电站C	换电站D	换电站E	换电站F	换电站G	换电站H	换电站I	行求和
车1										0
车2										0
车3										0
车4										0
车5										0
车6										0
车7										0
车8										0
车9										0
最小换电成本	0									
列求和	=SUM(B13:B21)	0	0	0	0	0	0	0	0	

图 5-1-13 列求和约束条件

图 5-1-14 规划求解参数设置

表 5-1-5 指派问题方案决策分析表

工作内容	工作步骤	完成要求
标准指派任务仿真操作	(1) 可行方案实施 (2) 最优解方案实施	撰写任务决策方案
标准指派任务优化建议	(1) 节约成本方面 (2) 低碳环保 (3) 避免供需不平衡	

新能源物流车换电站指派任务数据分析

任务评价

任务评价的重要性，任务实现的关键在于决策变量定义、数据分析准确度；任务执行

		新能源物流车单位换电成本表								
		换电站A	换电站B	换电站C	换电站D	换电站E	换电站F	换电站G	换电站H	换电站I
	车1	1.05	0.932	0.951	0.946	0.988	0.876	0.843	0.999	1.002
	车2	1.047	0.948	0.921	0.925	0.967	0.925	1.032	1.015	0.948
	车3	0.831	0.944	0.833	1.031	0.957	0.878	1.002	0.925	0.831
	车4	0.941	1.05	1	1.044	1.032	1.015	1.044	1.05	1.015
	车5	0.948	1.02	0.948	1.015	0.866	1.02	0.925	0.831	0.921
	车6	0.944	1.044	0.944	0.925	1.044	1.044	1.05	1.044	0.948
	车7	1.05	1.015	1.05	0.948	1.044	1.015	1.044	0.921	1.044
	车8	1.02	0.948	1.02	0.944	1.05	0.831	0.925	1.032	0.999
	车9	1.05	0.932	0.951	0.946	0.988	0.876	0.843	0.999	1.002
		换电站A	换电站B	换电站C	换电站D	换电站E	换电站F	换电站G	换电站H	换电站I	行求和
	车1	0	1	0	0	0	0	0	0	0	1
	车2	0	0	1	0	0	0	0	0	0	1
	车3	0	0	0	0	0	0	0	0	1	1
	车4	1	0	0	0	0	0	0	0	0	1
	车5	0	0	0	0	1	0	0	0	0	1
	车6	0	0	0	1	0	0	0	0	0	1
	车7	0	0	0	0	0	0	0	1	0	1
	车8	0	0	0	0	0	1	0	0	0	1
	车9	0	0	0	0	0	0	1	0	0	1
最小换电成本		8.011								
列求和		1	1	1	1	1	1	1	1	1

图 5-1-15　最优方案

效率高的关键在于 EXCEL 中函数调用、数据强制引用的操作技巧。请小组讨论、自查、自评任务完成情况，填写新能源物流车换电站指派任务检查记录工作单，见表 5-1-6。

表 5-1-6　　　　　　　新能源物流车换电站指派任务检查记录工作单

检查项目	评分标准	任务标准	评分
模型检查（20分）	（1）决策变量（10分） （2）目标函数（5分） （3）约束条件（5分）	定义决策变量：$\begin{cases} x_{ij}=1 & \text{第 } i \text{ 换电站为第 } j \text{ 电动汽车实施换电} \\ x_{ij}=0 & \text{第 } i \text{ 换电站不为第 } j \text{ 电动汽车实施换电} \end{cases}$ 定义目标函数：最少换电成本 $minZ = \sum\limits_{i=1}^{9}\sum\limits_{j=1}^{9} C_{ij}\, x_{ij}$ 定义约束条件： $\begin{cases} C_{i1}x_{i1}+C_{i2}x_{i2}+C_{i3}x_{i3}+C_{i4}x_{i4}+C_{i5}x_{i5}+C_{i6}x_{i6}+C_{i7}x_{i7}+C_{i8}x_{i8}=1 \\ C_{1j}x_{1j}+C_{2j}x_{2j}+C_{3j}x_{3j}+C_{4j}x_{4j}+C_{5j}x_{5j}+C_{6j}x_{6j}+C_{7j}x_{7j}+C_{8j}x_{8j}=1 \\ x_{ij}=0Or1,\ i,\ j=1,\ 2,\ \cdots,\ 9 \end{cases}$	
EXCEL 数据分析（30分）	（1）模型数据录入准确（10分） （2）决策变量单元格定义准确（10分） （3）约束条件及目标函数公式准确（10分）		

检查项目	评分标准	任务标准	评分
规划求解参数完整且准确（30分）	（1）模型数据录入准确（10分） （2）决策变量单元格定义准确（10分） （3）约束条件及目标函数公式准确（10分）		
规划求解参数完整且准确（50分）	（1）目标值（最大或最小）选择（20分） （2）准确且完整添加约束条件（20分） （3）选择单纯线性规划（10分）		

根据执行任务中出现的问题，精心提炼并记录易错点及改进要点，填入新能源物流车换电站指派任务易错点总结如表 5-1-7 所示。为进一步的学习积累经验，小组负责人签字。

表 5-1-7　　　　　新能源物流车换电站指派任务易错点总结

工作分工	工作内容	工作步骤	易错点总结	改进要点
小组名称	建立数学建模	（1）定义决策变量 （2）定义目标函数 （3）定义约束条件		
	EXCEL 数据分析	（1）决策变量单元格 （2）约束条件 （3）目标函数		
	最优方案分析	（1）可行解 （2）最优解		

按照数学建模、数据分析和职业素养进行检查，在综合评价表格中进行记录、评分。评分采取扣分制，每项扣完为止。新能源物流车换电站指派任务考核评价表如表5-1-8所示。

表 5-1-8　　　　　新能源物流车换电站指派问题任务考核评价表

项目名称	评价内容	分值	评价分数		
			自评	互评	师评
职业素养考核项目 40%	穿戴规范、整洁	6分			
	安全意识、责任意识、节约意识	6分			
	积极参加教学活动，按时完成学生工作活页	10分			
	团队合作、与人交流能力	6分			
	劳动纪律	6分			
	生产现场管理 7S 标准	6分			
专业能力考核项目 60%	数学建模	20分			
	数据分析	30分			
	优化决策	10分			
总分					
总评	自评（20%）＋互评（20%）＋师评（60%）	综合等级	教师（签名）：		

任务二　应急救援小组指派任务优化与实施

✿ 职业技能目标

通过训练，使学生能够在 EXCEL 中准确录入应急救援小组评价指标数据，利用规划求解工具完成应急救援任务的数据分析，并且给出优化决策分析方案。使学生具备物流资源优化配置的能力，达到胜任物流资源管理岗位工作职责的目标。

✍ 任务情境

以物流服务师职业功能—物流资源管理岗位为训练内容，重点培养物流业务统筹管理能力，物流资源优化配置等典型工作岗位能力。主要工作职责包括人、财、物等资源调度管理工作及日常调度工作，工作责任主要是对资源分配合理性负责及工作任务履行情况负责。

⚡ 任务描述

洪水肆虐，整个城市都陷入了停电断电状态，复兴速达物流公司接到电力应急救援物资保障的任务。物流公司现有四个工作组，现面临五项电力物资应急救援任务，由于各小组的技术专长不同，他们完成五项应急任务所获得的评价指标值有所差异，救援任务评价指数值 C_{ij} 见表 5-2-1，C_{ij} 最高分值为 20 分。为了保证及时救援，各小组尽量只安排一项救援任务，其中第三小组能力突出，可以同时胜任两项任务；由于第四小组救援装备不足原因，不能完成综合任务。请制定最能发挥整体救援能力的最优任务分配方案。

表 5 - 2 - 1 　　　　　　　　　　　　救援任务评价指数值 C_{ij}

小组名称	采购任务	组装任务	调度任务	运输任务	综合任
一小组	11	13	9	8	14
二小组	6	16	10	15	9
三小组	15	7	12	5	10
四小组	10	16	7	10	6

🧪 任务分解

本项任务共分 4 个部分完成，每一部分均包含 3 个步骤。一是针对指派问题进行调研，分析指派问题的重要性及不合理的指派带来的危害，可分为制定调研方案，采用文献调研法、实地调研法等实施调研，最后撰写调研报告；二是针对实际任务利用线性规划进行建模，明确决策变量、任务目标及受到的约束条件，约束条件可以是等式或不等式；三是用 EXCEL 规划求解工具完成数学模型的数据分析任务，具体包括录入数学模型相关数据，在 EXCEL 中输入目标函数及约束条件公式，并进行规划求解；四是供指派决策方案分析，首先对可行方案进行对比分析，然后结合企业实际情况选择最优方案，并在系统进行虚拟仿真操作，最后给出决策方案及建议。应急救援任务分解单如图 5 - 2 - 1 所示。

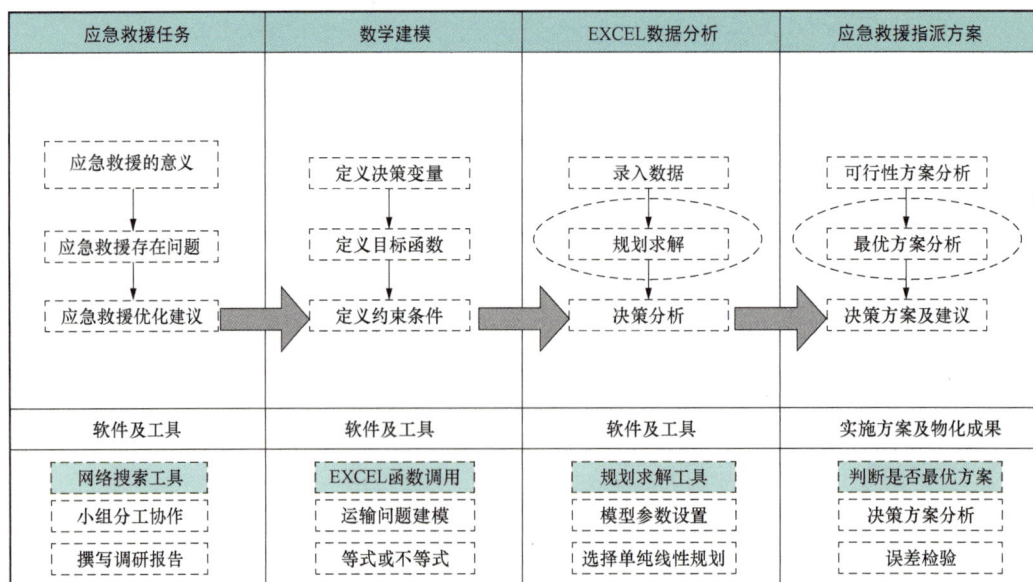

应急救援任务	数学建模	EXCEL数据分析	应急救援指派方案
应急救援的意义	定义决策变量	录入数据	可行性方案分析
应急救援存在问题	定义目标函数	规划求解	最优方案分析
应急救援优化建议	定义约束条件	决策分析	决策方案及建议
软件及工具	**软件及工具**	**软件及工具**	**实施方案及物化成果**
网络搜索工具	EXCEL函数调用	规划求解工具	判断是否最优方案
小组分工协作	运输问题建模	模型参数设置	决策方案分析
撰写调研报告	等式或不等式	选择单纯线性规划	误差检验

图 5 - 2 - 1 　应急救援任务分解单

【知识学习】非标准指派问题

一、 最大值指派问题

在指派问题中，如果效率表中的数据表示是利润、效益、成绩等，那么目标函数是最大利润，最高收益，最优总成绩等。这类指派问题称为最大值指派问题。

新冠肺炎患者病情复杂，基本分为轻症、中症、重症、无症状四种类型患者，为了防止交叉感染，设有定点医院、综合医院、专科医院和中医院，已知不同医院接诊不同病患的就诊效率见表5-2-2，问如何合理进行病患就诊分配，使得总效率最高？（效率值1~10等级，逐级升高）

表5-2-2   就 诊 效 率 表

医院类型	定点医院	综合医院	专科医院	中医院
轻症病患	4	6	4	10
中症病患	3	2	5	2
重症病患	3	3	5	3
无症病患	1	5	1	6

二、 任务和人数数量不对等的指派问题

在实际问题中，经常遇到任务数量和人数不相等的任务指派问题，通常情况下需要这类指派问题转换为标准形式。转换方法如下：若人数少，任务数多，则添加虚拟人，这些虚拟人完成任务的效率值为0，可以理解为这些效率值不会发生；若人数多，任务数少，则添加虚拟任务，完成这些虚拟任务的效率值也设为0。

非标准型指派问题

三、 一人可做多项任务的指派问题

若某个人可以做几件事情，可将其化为几个相同的人来接受指派，这几个人做同一件事情的费用系数相同。

四、 某人不能做或必须做某项任务的指派问题

某任务一定不能由某个人去做，则可以添加约束条件，即这个人做该任务的决策变量取值为零；某任务一定由某个人去做，则可以添加约束条件，即这个人做该任务的决策变量取值为1。

非标准型指派问题应用案例-电力应急任务指派问题

任务实施

步骤一：实析任务真调研。

请同学们秉承求真务实的态度针对指派意义及现状进行调研，可选取一家企业或多家企业完成调研任务。重点从指派意义、指派方式和工具、指派现有优化算法等以下三个方面进行调研，非标准指派问题任务调研表见表5-2-3。

表 5 - 2 - 3　　　　　　　　　　　　　非标准指派问题任务调研表

调研内容	调研方法	撰写报告
非标准指派意义		课前自主完成
非标准指派方式和工具		
非标准指派现有优化算法		

步骤二：学思践悟定模型。

数学建模过程是重点也是难点，在学习中多思考，在实践练习中领悟数学建模的原理。本步骤中需严谨审慎思考引导问题，讨论本任务数学建模三要素：决策变量、目标函数、约束条件，并完成数学建模。

引导问题 1：此任务中决策变量是什么？（　　　）

A. 救援小组实施救援任务的时间　　　　B. 救援小组实施救援任务的路线

C. 救援小组实施救援任务的评价指数　　D. 救援小组给承担哪一项救援任务

引导问题 2：此任务中目标函数是什么？（　　　）

A. 救援小组完成全部救援任务时间最少

B. 救援小组完成全部救援任务总路线最短

C. 救援小组完成全部救援任务评价指标值最高

D. 救援小组完成全部救援任务总成本最低

引导问题 3：此任务中约束条件是什么？（　　　）

A. 每个救援小组只能承担其中一个救援任务

B. 第三工作组能够承担两项救援任务

C. 决策变量大于等于零

D. 决策变量取二进制

步骤三：巧用工具析数据。

第一步：录入评价指标数据表，如图 5 - 2 - 2 所示。

	A	B	C	D	E	F
1	电力应急救援指派方案					
2		采购任务	组装任务	调度任务	运输任务	综合任务
3	一小组	11	13	9	8	14
4	二小组	6	16	10	15	9
5	三小组	15	7	12	5	10
6	四小组	10	16	7	10	6
7	五小组（三小组）	15	7	12	5	10

图 5 - 2 - 2　评价指标数据表

第二步：定义决策变量，如图 5-2-3 所示。

此次决策变量数量为 5×5＝25 个，标黄区域。

	采购任务	组装任务	调度任务	运输任务	综合任务
			电力应急救援指派方案		
一小组	11	13	9	8	14
二小组	6	16	10	15	9
三小组	15	7	12	5	10
四小组	10	16	7	10	6
五小组（三小组）	15	7	12	5	10
	采购任务	组装任务	调度任务	运输任务	综合任务
一小组					
二小组					
三小组					
四小组					
五小组（三小组）					

图 5-2-3　决策变量

第三步：定义目标函数。

目标函数公式为单位运价矩阵与决策变量矩阵对应相乘求和，使用函数为 SUM-PRODUCT。目标函数如图 5-2-4 所示。

	A	B	C	D	E	F	G
1				电力应急救援指派方案			
2		采购任务	组装任务	调度任务	运输任务	综合任务	
3	一小组	11	13	9	8	14	
4	二小组	6	16	10	15	9	
5	三小组	15	7	12	5	10	
6	四小组	10	16	7	10	6	
7	五小组（三小组）	15	7	12	5	10	
8		采购任务	组装任务	调度任务	运输任务	综合任务	行约束
9	一小组						0
10	二小组						0
11	三小组						0
12	四小组						0
13	五小组（三小组）						0
14	最高评价指数	=SUMPRODUCT(B3:F7,B9:F13)					
15	列约束	0	0	0	0	0	

图 5-2-4　目标函数

第四步：定义约束条件。

计算行求和约束条件，行求和等于 1，如图 5-2-5 所示。

	A	B	C	D	E	F	G
1				电力应急救援指派方案			
2		采购任务	组装任务	调度任务	运输任务	综合任务	
3	一小组	11	13	9	8	14	
4	二小组	6	16	10	15	9	
5	三小组	15	7	12	5	10	
6	四小组	10	16	7	10	6	
7	五小组（三小组）	15	7	12	5	10	
8		采购任务	组装任务	调度任务	运输任务	综合任务	行约束
9	一小组						=SUM(B9:F9)
10	二小组						0
11	三小组						0
12	四小组						0
13	五小组（三小组）						0
14	最高评价指数	0					
15	列约束	0	0	0	0	0	

图 5-2-5　行求和约束条件

计算列求和约束条件，列求和等于1，如图5-2-6所示。

图5-2-6　列求和约束条件

第五步：规划求解。

选择目标函数单元格；选择决策变量单元格为可变单元格；添加约束条件；选择
"单纯线性规划"。规划求解参数设置如图5-2-7所示。

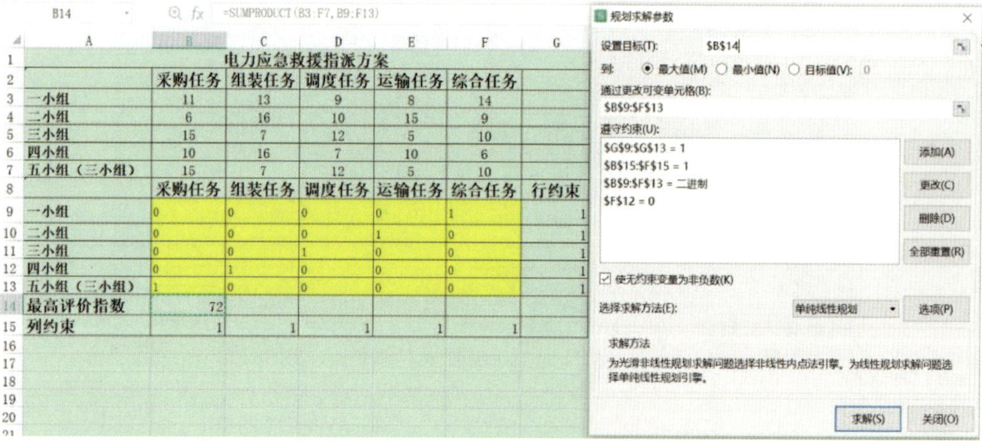

图5-2-7　规划求解参数设置

第六步：最优方案，如图5-2-8所示。

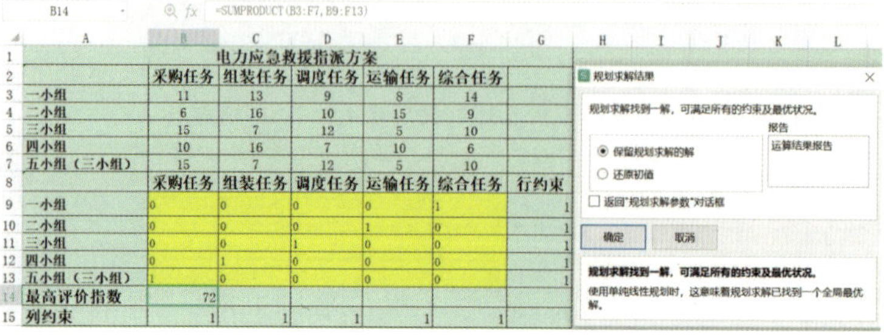

图5-2-8　最优方案

电力应急救援指派
任务优化与实施

最优分配方案：一小组—综合任务；二小组—运输任务；三小组—采购任务和调度任务；四小组—组装任务。

步骤四：践行方案育匠心。

决策方案单一可能会带来不稳妥的决策结论，以及不可靠或不科学的问题。请同学们践行守正创新、不断钉钉子的求学精神，针对非标准指派问题方案进行仿真实施，撰写任务决策方案见表5-2-4。

表5-2-4　　　　　　　　非标准指派问题任务决策方案

工作内容	工作步骤	完成要求
非标准指派任务仿真操作	（1）可行方案实施 （2）最优解方案实施	撰写任务决策方案
非标准指派任务优化建议	（1）节约成本方面 （2）低碳环保 （3）避免供需不平衡	

任务评价

任务评价的重要性，任务实现的关键在于决策变量定义、数据分析准确度；任务执行效率高的关键在于 EXCEL 中函数调用、数据强制引用的操作技巧。请对照任务标准进行评分，完成应急救援任务检查记录工作单，见表5-2-5。

表5-2-5　　　　　　　　应急救援任务检查记录工作单

检查项目	评分标准	任务标准	评分
模型检查（20分）	（1）决策变量（10分） （2）目标函数（5分） （3）约束条件（5分）	定义决策变量：$\begin{cases} x_{ij} = 1 & \text{第 } i \text{ 小承第 } j \text{ 任务} \\ x_{ij} = 0 & \text{第 } i \text{ 小不承第 } j \text{ 任务} \end{cases}$ 定义目标函数：最高评价指数 $\max Z = \sum_{i=1}^{8} \sum_{j=1}^{8} C_{ij} x_{ij}$. 定义约束条件：$\begin{cases} C_{i1}x_{i1} + C_{i2}x_{i2} + C_{i3}x_{i3} + C_{i4}x_{i4} + C_{i5}x_{i5} = 1 \\ C_{1j}x_{1j} + C_{2j}x_{2j} + C_{3j}x_{3j} + C_{4j}x_{4j} + C_{5j}x_{5j} = 1 \\ x_{45} = 0 \\ x_{ij} = 0 \text{ or } 1, i, j = 1, 2, \cdots, 5 \end{cases}$	
EXCEL 数据分析（30分）	（1）模型数据录入准确（10分） （2）决策变量单元格定义准确（10分） （3）约束条件及目标函数公式准确（10分）	电力应急救援指派方案 		采购任务	组装任务	调度任务	运输任务	综合任务
---	---	---	---	---	---
一小组	11	13	9	8	14
二小组	6	16	10	15	9
三小组	15	7	12	5	10
四小组	10	16	7	10	6
五小组（三小组）	15	7	12	5	10 | |	采购任务	组装任务	调度任务	运输任务	综合任务
---	---	---	---	---	---
一小组					
二小组					
三小组					
四小组					
五小组（三小组）							

检查项目	评分标准	任务标准	评分
规划求解参数完整且准确（50分）	（1）目标值（最大或最小）选择（20分） （2）准确且完整添加约束条件（20分） （3）选择单纯线性规划（10分）		

根据执行任务中出现的问题，精心提炼并记录易错点及改进要点，填入应急救援任务易错点总结，见表5-2-6。为进一步的学习积累经验，小组负责人签字。

表5-2-6　　　　　　　　　　　应急救援任务易错点总结

工作分工	工作内容	工作步骤	易错点总结	改进要点
小组名称	建立数学建模	（1）定义决策变量 （2）定义目标函数 （3）定义约束条件		
	EXCEL数据分析	（1）决策变量单元格 （2）约束条件 （3）目标函数		
	最优方案分析	（1）可行解 （2）最优解		

按照数学建模、数据分析和职业素养进行检查，在考核评价表格中进行记录、评分。评分采取扣分制，每项扣完为止。应急救援任务考核评价表，见表5-2-7。

表5-2-7　　　　　　　　　　　应急救援任务考核评价表

项目名称	评价内容	分值	评价分数		
			自评	互评	师评
职业素养考核项目40%	穿戴规范、整洁	6分			
	安全意识、责任意识、节约意识	6分			
	积极参加教学活动，按时完成学生工作活页	10分			
	团队合作、与人交流能力	6分			
	劳动纪律	6分			
	生产现场管理7S标准	6分			

项目名称	评价内容	分值	评价分数		
			自评	互评	师评
专业能力考核项目60%	数学建模	20分			
	数据分析	30分			
	优化决策	10分			
总分					
总评	自评（20%）+互评（20%）+师评（60%）	综合等级	教师（签名）：		

🌱 **素养成长园地**

合作是一种高级行为（动画）

最美快递员-汪勇

企业班组文化—世上没有完美的个人，却有完美的团队。"班组"是企业最基层的生产管理组织，企业的所有生产活动都在班组中进行，所以班组工作的好坏直接关系着企业经营的成败，班组就像人体中的一个个细胞，只有人体的所有细胞全都健康，人的身体才有可能健康，才能充满了旺盛的活力和生命力。

企业班组文化（动画）

"班组文化"就是指企业内部最基本的班组单位中的文化，是企业班组成员从事生产与经营中所持有的价值观念。团队合作精神是班组队伍总体凝聚力和战斗力的重要基础。"世上没有完美的个人，却有完美的团队"，班组内部形成一种：计划→执行→协调→完善的良性生产循环，充分发挥团队的智慧和力量，形成积极向上的优秀班组团队，就会迅速而有效地解决问题。

项目六　编制车辆配装方案

本项目学习目标

素质目标

（1）树立合理配装的底线思维。

（2）培养解决空间局限矛盾的智慧。

知识目标

（1）学会 0 - 1 型背包问题建模原理。

（2）学会建立背包问题数学模型。

技能目标

（1）能够用 Excel 求解背包问题。

（2）能够灵活解决企业实际问题。

任务一　总价值最大的车辆配装任务优化与实施

职业技能目标

通过训练，使学生能够在 EXCEL 上录入企业实际任务相关数据，利用规划求解工具完成决策变量、目标函数、约束条件公式的定义和录入，能够完成车辆配装任务方案的优化和实施。培养学生安全至上的底线思维、绿色低碳的环保意识和降本增效的节约意识。

任务描述

复兴速达物流公司承担了一项防疫物资的零担运输任务，需要将一些包装规格不同的防疫物资装到一辆货车上，每种规格型号的防疫物资只取一件即可，这些物资的重量、体积、冷藏要求都不相同，物资参数见表 6 - 1 - 1。

表 6 - 1 - 1　　　　　　　　　　　物　资　参　数

物资编号	物资重量（t）	物资体积（m³）	冷藏要求	效用值
I1	0.7	2.25	需要	8
I2	0.8	1.44	需要	10
I3	0.9	1.6	不需要	9

物资编号	物资重量（t）	物资体积（m³）	冷藏要求	效用值
I4	1.4	1.21	不需要	9
I5	1.5	2.13	不需要	9
I6	1.6	1.54	不需要	10
I7	1.9	0.62	不需要	8
I8	1	2.42	不需要	10
I9	0.8	1.22	需要	10
I10	0.6	2.05	不需要	9

由于物流公司车型可以装载的总重量为 5t，总体积为 15 立方米，可以冷藏的总体积为 5 立方米，请帮助复兴速达物流公司制定装载效用值最大的货物装载方案。

任务分解

本项任务共分 4 个部分完成，每一部分均包含 3 个步骤。一是针对车辆配装现状进行调研，分析车辆配装的重要性及不合理的排班带来的危害，可分为制定调研方案，采用文献调研法、实地调研法等实施调研，最后撰写调研报告；二是针对实际任务利用线性规划进行建模，明确决策变量、任务目标及受到的约束条件，约束条件可以是等式或不等式；三是用 EXCEL 规划求解工具完成数学模型的数据分析任务，具体包括录入数学模型相关数据，在 EXCEL 中输入目标函数及约束条件公式，并进行规划求解；四是车辆配装决策方案分析，首先对可行方案进行对比分析，然后结合企业实际情况选择最优方案，并在系统进行虚拟仿真操作，最后给出决策方案及建议。车辆装配任务分解单如图 6-1-1 所示，请参考任务分解单，完成车辆配装方案。

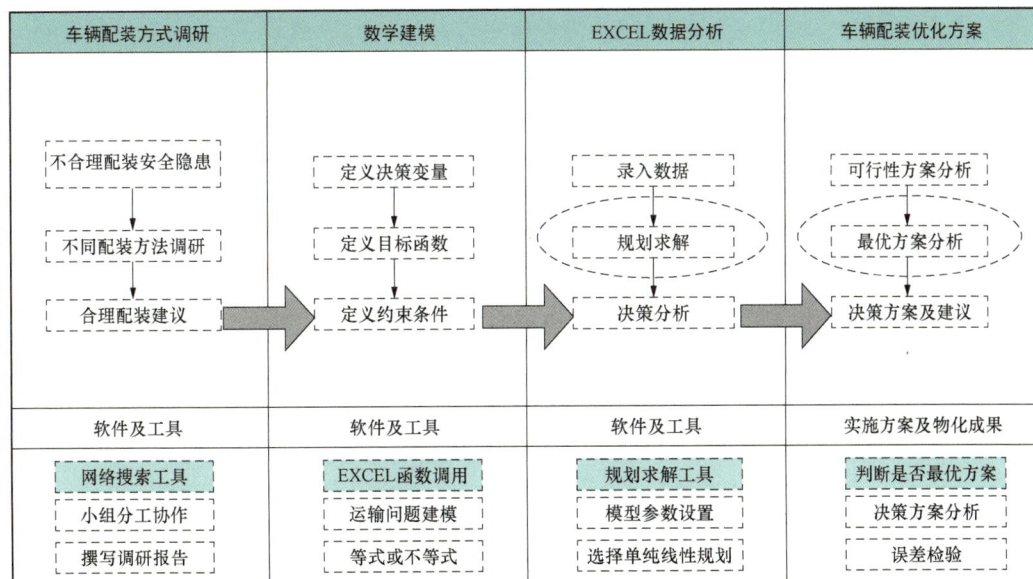

图 6-1-1　车辆装配任务分解单

【知识学习】背包问题数学模型

背包问题是一种数学模型，在实际问题中有着广泛的应用。背包问题实际上是运输问题中车、船、飞机、潜艇、人造卫星、空间站等运输工具的最优配载问题。因此，有着广泛的实际意义。

一、 第一类背包问题描述

有一个徒步旅行者，有 n 种物品供他选择装入背包中，已知每种物品的重量及使用价值（物品对旅行者来说所带来好处的数量指标）见表 6-1-2。

表 6-1-2　　　　　　　　物品的重量及使用价值

物品	1	2	⋯	k	⋯	n
重量	a_1	a_2	⋯	a_k	⋯	a_n
单品价值	c_1	c_2	⋯	c_k	⋯	c_n

又知旅行者背包所能承受的重量不能超过 a 千克，如何选择这 n 种物品的件数，使得使用价值最大？

建立数学模型：

第一步：定义决策变量。决策变量表见表 6-1-3。

表 6-1-3　　　　　　　　　　决 策 变 量 表

物品数量	x_1	x_2	⋯	x_k	⋯	x_n
物品	1	2	⋯	k	⋯	n
重量	a_1	a_2	⋯	a_k	⋯	a_n
单品价值	c_1	c_2	⋯	c_k	⋯	c_n

第二步：定义目标函数。

最高总价值：

$$\max Z = c_1x_1 + c_2x_2 + \cdots + c_nx_n$$

第三步：约束条件。

总重量不超过背包最大容重

$$a_1x_1 + a_2x_2 + \cdots + a_nx_n \leqslant a$$

$x_i \geqslant 0$　且为整数，$i = 1, 2, \cdots, n$

应用案例

有一艘可装三种货物的货船，每种货物重量及价值数据见表 6-1-4。

表 6-1-4　　　　　　　　货物重量及价值数据表

物品	1	2	3
重量（t/件）	4	12	8
单品价值（元/件）	30	80	65

已知该船的载重量不超过 20t，问货船如何装载，使得价值最大？

二、第二类背包问题描述

在背包问题中，除受质量条件限制外，还可能受背包体积等条件的限制。若增加背包体积限制为 b，并设第 i 种物品每件的体积为 bi m³，数据表见表 6-1-5。应如何选择这 n 种物品的件数，使用价值最大？

表 6-1-5 数 据 表

物品	1	2	...	k	...	n
重量	a_1	a_2	...	a_k	...	a_n
体积	b_1	b_2	...	b_k	...	b_n
单品价值	c_1	c_2	...	c_k	...	c_n

建立数学模型：

第一步：定义决策变量，见表 6-1-6。

表 6-1-6 决 策 变 量 表

物品数量	x_1	x_2	...	x_k	...	x_n
物品	1	2	...	k	...	n
重量	a_1	a_2	...	a_k	...	a_n
体积	b_1	b_2	...	b_k	...	b_n
单品价值	c_1	c_2	...	c_k	...	c_n

第二步：定义目标函数。

最高总价值：

$$\max Z = c_1 x_1 + c_2 x_2 + \cdots + c_n x_n$$

第三步：约束条件。

$$a_1 x_1 + a_2 x_2 + \cdots + a_n x_n \leqslant a$$

重量不能超过 a kg。

$$b_1 x_1 + b_2 x_2 + \cdots + b_n x_n \leqslant b$$

体积不能超过 b m³。

$$x_i \geqslant 0 \quad 且为整数, i = 1, 2, \cdots, n$$

应用案例

有一辆最大运货量为 12t，最大容量为 10m³ 的集装箱车，装载五种货物 A、B、C、D、E，数据表见表 6-1-7。求各装多少件使得装载价值最大？

表 6-1-7 应 用 案 例 数 据 表

货物	A	B	C	D	E
重量（t/件）	3	4	5	2	1
体积（m³/件）	1	5	2	5	6
每件价值	2	3	2	3	2

【技能学习】背包问题数据处理与分析

已知该集装箱的载重量不超过 5t，问对该集装箱如何装载，使得价值最大？数据见表 6-1-8。

表 6-1-8   背 包 问 题 数 据 表

物品	1	2	3
重量（t/件）	2	3	1
单品价值（元/件）	65	80	30

第一步：输入背包问题的效率矩阵表。背包问题系数矩阵如图 6-1-2 所示。

第二步：建立模型，定义决策变量单元格，如图 6-1-3 所示。

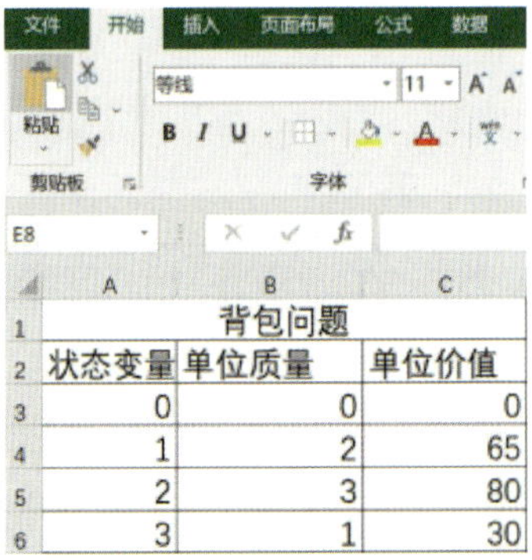

图 6-1-2 背包问题系数矩阵

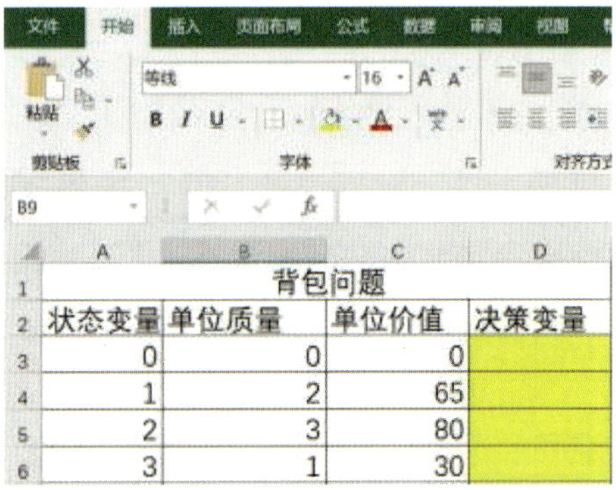

图 6-1-3 定义决策变量单元格

第三步：输入目标函数公式，如图 6-1-4 所示。

第四步：约束条件公式，如图 6-1-5 所示。

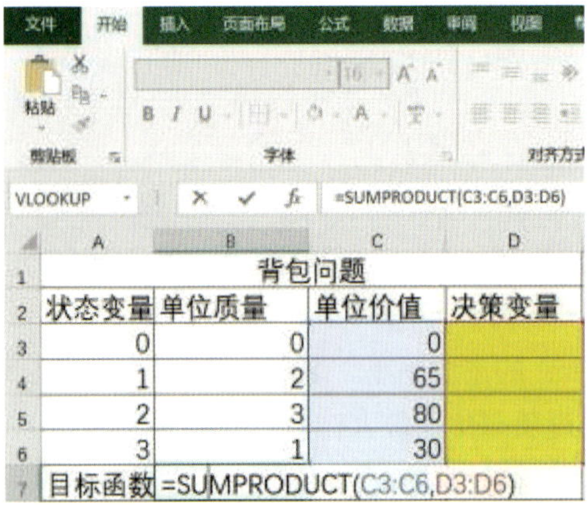

图 6-1-4 目标函数公式

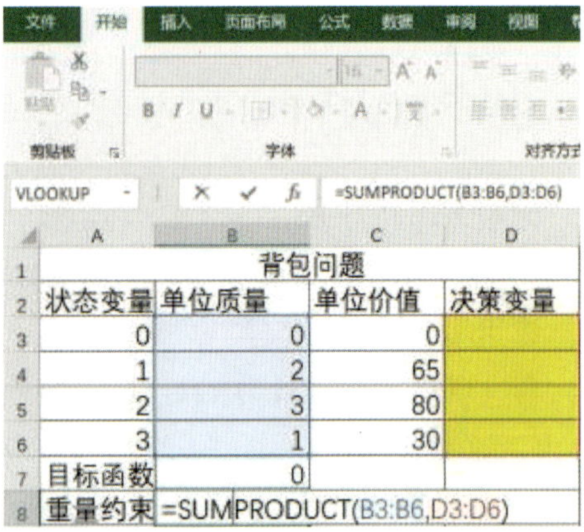

图 6-1-5 约束条件公式

第五步：背包问题的规划求解参数设置，如图 6-1-6 所示。

第六步：最优方案，如图 6-1-7 所示。

图 6-1-6　规划求解参数设置

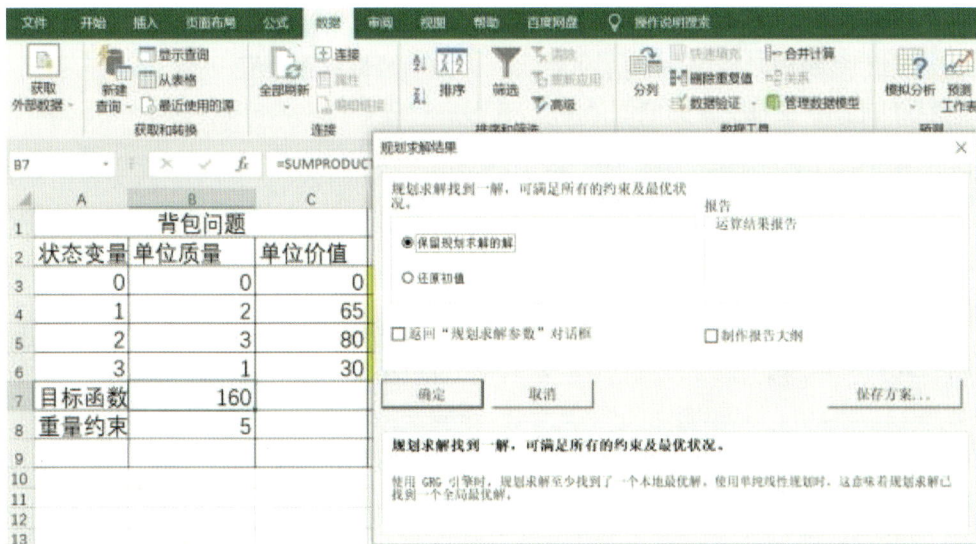

图 6-1-7　最优方案

任务实施

步骤一：实析任务真调研。

请同学们秉承求真务实的态度针对车辆配装意义及现状进行调研，可选取一家企业或多家企业完成调研任务。车辆配装任务调研表，见表 6-1-9。

应急资源包的
完美配装

表 6 - 1 - 9   车辆配装任务调研表

调研内容	调研方案	撰写报告
车辆配装意义		
车辆配装方式		课前自主完成
车辆配装现有优化算法		

步骤二：学思践悟定模型。

引导问题 1：10 种物资全部装车为什么不行，请尝试设计装车方案？

引导问题 2：装车时受限于哪些条件，请列举至少三条？

引导问题 3：车辆配装任务主要面临的决策要素是什么，如何定义决策变量？

引导问题 4：车辆配装任务中目标函数是什么？装车优化对碳排放有何影响？

引导问题 5：决策变量的选择（　　）。

A. 装载货物数量   B. 装载货物重量

C. 装载货物体积   D. 装载货物价值

引导问题 6：决策变量的取值范围（　　）。

A. 整数   B. 二进制   C. 大于等于零   D. 无限制

引导问题 7：目标函数是什么？（　　）

A. 最大利润   B. 最小成本   C. 最大价值   D. 最大效用值

引导问题 8：约束条件有哪些？（　　）

A. 重量约束   B. 体积约束

C. 冷藏体积约束   D. 决策变量取值约束

步骤三：巧用工具析数据。

请同学们利用规划求解工具完成复兴速达物流公司车辆配装任务数据分析。

利用 EXCEL 的规划求解工具完成车辆配装任务数据分析。操作步骤如下：

第一步：录入货物参数表，如图 6 - 1 - 8 所示。

第二步：修改冷藏要求，如图 6 - 1 - 9 所示。

第三步：定义决策变量单元格，如图 6 - 1 - 10 所示。

决策变量数量为 10 个，标黄区域。

	A	B	C	D	E
1	效用值最大的防疫物资配装任务				
2	物资编号	物资重量	物资体积	冷藏要求	效用值
3	I1	0.7	2.25	需要	10
4	I2	0.8	1.44	需要	9
5	I3	0.9	1.6	不需要	10
6	I4	1.4	1.21	不需要	9
7	I5	1.5	2.13	不需要	9
8	I6	1.6	1.54	不需要	10
9	I7	1.9	0.62	不需要	8
10	I8	1	2.42	不需要	10
11	I9	0.8	1.22	需要	10
12	I10	0.6	2.05	需要	9

图 6 - 1 - 8   货物参数表

第四步：目标函数求解，目标函数如图 6 - 1 - 11 所示。

物资编号	物资重量	物资体积	冷藏要求	效用值	物资编号	物资重量	物资体积	冷藏要求	效用值
I1	0.7	2.25	需要	10	I1	0.7	2.25	1	10
I2	0.8	1.44	需要	9	I2	0.8	1.44	1	9
I3	0.9	1.6	不需要	10	I3	0.9	1.6	0	10
I4	1.4	1.21	不需要	9	I4	1.4	1.21	0	9
I5	1.5	2.13	不需要	9	I5	1.5	2.13	0	9
I6	1.6	1.54	不需要	10	I6	1.6	1.54	0	10
I7	1.9	0.62	不需要	8	I7	1.9	0.62	0	8
I8	1	2.42	不需要	10	I8	1	2.42	0	10
I9	0.8	1.22	需要	10	I9	0.8	1.22	1	10
I10	0.6	2.05	需要	9	I10	0.6	2.05	1	9

图 6-1-9 冷藏要求

图 6-1-10 定义决策变量单元格

目标函数公式为货物价值与决策变量矩阵对应相乘求和，使用函数为 SUMPRODUCT。

图 6-1-11 目标函数

第五步：约束条件 1-重量约束，如图 6-1-12 所示。

图 6-1-12 约束条件 1-重量约束

111

第六步：约束条件 2 - 总体积约束，如图 6 - 1 - 13 所示。

物资编号	物资重量	物资体积	冷藏要求	效用值	决策变量	重量约束	体积约束
I1	0.7	2.25	1	10			
I2	0.8	1.44	1	9			
I3	0.9	1.6	0	10			
I4	1.4	1.21	0	9			=SUMPRODUCT (H3:H12, $K$3:$K$12)
I5	1.5	2.13	0	9			
I6	1.6	1.54	0	10		0	
I7	1.9	0.62	0	8			
I8	1	2.42	0	10			
I9	0.8	1.22	1	10			
I10	0.6	2.05	1	9			

（公式栏：=SUMPRODUCT (H3:H12, $K$3:$K$12)）

图 6 - 1 - 13 约束条件 2 - 总体积约束

第七步：约束条件 3 - 冷藏体积约束，如图 6 - 1 - 14 所示。

物资编号	物资重量	物资体积	冷藏要求	效用值	决策变量	重量约束	体积约束	冷藏约束
I1	0.7	2.25	1	10				
I2	0.8	1.44	1	9				
I3	0.9	1.6	0	10				
I4	1.4	1.21	0	9				=SUMPRODUCT (H3:H12, I3:I12, K3:K12)
I5	1.5	2.13	0	9				
I6	1.6	1.54	0	10		0	0	
I7	1.9	0.62	0	8				
I8	1	2.42	0	10				
I9	0.8	1.22	1	10				
I10	0.6	2.05	1	9				

（公式栏：=SUMPRODUCT (H3:H12, I3:I12, K3:K12)）

图 6 - 1 - 14 约束条件 3 - 冷藏体积约束

第八步：规划求解。

选择目标函数单元格；选择决策变量单元格为可变单元格；添加约束条件；选择"单纯线性规划"。规划求解参数设置如图 6 - 1 - 15 所示。

图 6 - 1 - 15 规划求解参数设置

第九步：最优方案，如图6-1-16所示。

物资编号	物资重量	物资体积	冷藏要求	效用值	决策变量	重量约束	体积约束	冷藏约束	最大效用
I1	0.7	2.25	1	10	1				
I2	0.8	1.44	1	9	0				
I3	0.9	1.6	0	10	1				
I4	1.4	1.21	0	9	0				
I5	1.5	2.13	0	9	0	5	9.03	3.47	50
I6	1.6	1.54	0	10	1				
I7	1.9	0.62	0	8	0				
I8	1	2.42	0	10	1				
I9	0.8	1.22	1	10	1				
I10	0.6	2.05	1	9	0				

图6-1-16　最优方案

车辆配装任务
数据分析

步骤四：践行方案育匠心。

请同学们秉承守正创新的态度针对车辆配装方案进行决策分析，撰写任务决策方案见表6-1-10。

表6-1-10　　　　　　　　　任 务 决 策 方 案

工作内容	工作步骤	完成要求
车辆配装任务决策分析	（1）可行解分析 （2）最优解分析	课后自主完成
车辆配装任务优化建议	（1）节省空间降成本 （2）安全第一的底线思维 （3）避免超载超限	

任务评价

任务评价的重要性，任务实现的关键在于决策变量定义、数据分析准确度；任务执行效率高的关键在于EXCEL中函数调用、数据强制引用的操作技巧。请对照任务标准进行评分，完成车辆配装任务检查记录工作单，见表6-1-11。

车辆配装任务
优化与实施

表 6-1-11   车辆配装任务检查记录工作单

检查项目	评分标准	任务标准	记录评分
模型检查（20分）	（1）决策变量（10分） （2）目标函数（5分） （3）约束条件（5分）	首先：定义决策变量：装载每一种货物的数量为 $\begin{cases} x_i=1\ 第\ i\ 种物资 \\ x_i=0\ 不第\ i\ 种物资 \\ i=1,2,3,4,5 \end{cases}$ 其次：明确目标函数，总效用值最大，即所有装载物资效用总和 $\max Z=10x_1+10x_2+9x_3+9x_4+9x_5$ $+7x_6+8x_7+8x_8+9x_9+8x_{10}$ 约束条件1：总重量不超过车辆可以装载的总重量为5吨 $0.7x_1+0.8x_2+0.9x_3+1.4x_4+1.5x_5+1.6x_6+1.9x_7+1x_8+$ $0.8x_9+0.6x_{10}\leqslant5$ 约束条件2：车辆可以装载的总体积为15立方米 $2.25x_1+1.44x_2+1.6x_3+1.21x_4+2.13x_5+1.54x_6+0.62x_7+$ $2.42x_8+1.22x_9+2.05x_{10}\leqslant15$ 约束条件3：车辆可以冷藏的总体积为5立方米，由于I1，I2，I9，I10需要冷藏，定义货物若需冷藏则取值为1，不需冷藏则取值为0，故有 $2.25x_1+1.44x_2+1.22x_9+2.05x_{10}\leqslant5$	
EXCEL 数据分析检查（30分）	（1）模型数据录入准确（10分） （2）决策变量单元格定义准确（10分） （3）约束条件及目标函数公式准确（10分）		
规划求解检查（50分）	（1）目标值（最大或最小）选择（20分） （2）准确且完整添加约束条件（20分） （3）选择单纯线性规划（10分）		

    根据执行任务中出现的问题，精心提炼并记录易错点及改进要点，填入车辆配装任务易错点总结，见表6-1-12。为进一步的学习积累经验，小组负责人签字。

表 6-1-12　　　　　　　　　　　　　　　车辆配装任务易错点总结

工作分工	工作内容	工作步骤	易错点总结	改进要点
小组名称	建立数学建模	(1) 定义决策变量 (2) 定义目标函数 (3) 定义约束条件		
	EXCEL 数据分析	(1) 决策变量单元格 (2) 约束条件 (3) 目标函数		
	最优方案分析	(1) 可行解 (2) 最优解		

按照数学建模、数据分析和职业素养进行检查，在考核评价表格中进行记录、评分。评分采取扣分制，每项扣完为止。车辆配装任务考核评价表，见表 6-1-13。

表 6-1-13　　　　　　　　　　　　　　车辆配装任务考核评价表

项目名称	评价内容	分值	评价分数		
			自评	互评	师评
职业素养 考核项目 40%	穿戴规范、整洁	6 分			
	安全意识、责任意识、节约意识	6 分			
	积极参加教学活动，按时 完成学生工作活页	10 分			
	团队合作、与人交流能力	6 分			
	劳动纪律	6 分			
	生产现场管理 7S 标准	6 分			
专业能力考核 项目 60%	数学建模	20 分			
	数据分析	30 分			
	优化决策	10 分			
	总分				
总评	自评（20%）+互评（20%）+ 师评（60%）	综合等级	教师（签名）：		

🌱 **素养成长园地**

无人仓储-微仓
"零库存"，降
本增效！

从货车超标准装载配载危害看管理车辆配载的重要性

从货车超标准装载配载危害看管理车辆配载的重要性

近十年来全国因超限超载违法引发的重特大交通事故触目惊心，在纳入统计的 96 起事故中，共造成人员死亡 481 人、伤 361 人，平均每起事故死亡 5 人、伤 3.7 人，死亡率极高。目前我国超限运输屡禁不止，主要原因还是为了自身利益罔顾超限运输对于交通和公路本身的巨大危害，铤而走险。所以加强运输源头企业和驾驶员的监管，对出场车辆的配载检查显得特别重要。货运源头企业应该严格按照车辆核载和国家限定装载为出场车辆进行配载、装载，禁止超限超载的车辆出场，只有这样才能有效防止或者减少因违法超限超载运输导致的交通事故和公路损坏，有利于保障道路交通安全畅通，延长公路寿命。

让包装变得绿色而智慧

任务二　总价值最大的船舶配装任务优化与实施

✪ 职业技能目标

通过训练，使学生能够在 EXCEL 上录入企业实际任务相关数据，利用规划求解工具完成决策变量、目标函数、约束条件公式的定义和录入，能够结合船舶配装特殊属性要求完成船舶配装任务方案的优化和实施。培养学生安全至上的底线思维、绿色节约的环保意识和提质降本增效意识。

⚡ 任务描述

复兴速达物流公司承担了一项货运代理工作，需要将 5 种不同类型的货物装到一条货运船舶上，这些货物的单位重量、单位体积、冷藏要求、可燃性指数都不相同，如表 6 - 2 - 1 所示。

表 6 - 2 - 1　　　　　　　　　　货 物 参 数 要 求

货号	单位重量（t）	单位体积（m³）	冷藏要求	可燃性指数	价值
1	20	2	需要	0.1	5
2	5	3	不需要	0.2	10
3	10	5	不需要	0.4	15
4	12	6	需要	0.1	18
5	25	8	不需要	0.2	25

该船舶可以装载的总重量为 400 000 千克，总体积为 50 000 立方米，可以冷藏的总体积为 10 000 立方米，容许的可燃性指数的总和不能超过 750。请制定装载价值最大的货物装载方案。

🧪 任务分解

本项任务共分 4 个部分完成，每一部分均包含 3 个步骤。一是针对船舶配装现状进行调研，分析船舶配装的重要性及不合理的排班带来的危害，可分为制定调研方案，采用文献调研法、实地调研法等实施调研，最后撰写调研报告；二是针对实际任务利用线性规划进行建模，明确决策变量、任务目标及受到的约束条件，约束条件可以是等式或不等式；三是用 EXCEL 规划求解工具完成数学模型的数据分析任务，具体包括录入数学模型相关数据，在 EXCEL 中输入目标函数及约束条件公式，并进行规划求解；四是船舶配装决策方案分析，首先对可行方案进行对比分析，然后结合企业实际情况选择最优方案，并在系统进行虚拟仿真操作，最后给出决策方案及建议。船舶配装任务分解单如图 6-2-1 所示，请参考任务分解单，完成船舶配装方案。

🔧 任务实施

步骤一：实析任务真调研。

请同学们秉承求真务实的态度针对船舶配装意义及现状进行调研，可选取一家企业或多家企业完成调研任务。船舶配装意义及现状调研表，见表 6-2-2。

船舶配装方式调研	数学建模	EXCEL数据分析	船舶配装优化方案
不合理配装安全隐患	定义决策变量	录入数据	可行性方案分析
不同配装方法调研	定义目标函数	规划求解	最优方案分析
合理配装建议	定义约束条件	决策分析	决策方案及建议
软件及工具	软件及工具	软件及工具	实施方案及物化成果
网络搜索工具	EXCEL函数调用	规划求解工具	判断是否最优方案
小组分工协作	背包问题建模	模型参数设置	决策方案分析
撰写调研报告	0-1型决策变量式	选择单纯线性规划	误差检验

图 6-2-1 船舶配装任务分解单

117

表 6-2-2 船舶配装意义及现状调研表

调研内容	调研方案	撰写报告
船舶配装意义		课前自主完成
船舶配装方式		
船舶配装现有优化算法		

步骤二：学思践悟定模型。

引导问题1：5种货物全部装船行不行，请尝试设计装船方案？

引导问题2：装船时受限于哪些条件，请列举至少三条？

引导问题3：船舶装载主要面临的决策要素是什么，如何定义决策变量？

引导问题4：船舶装载中目标函数是什么？

步骤三：巧用工具析数据。

利用 EXCEL 的规划求解工具完成船舶装载数据分析。操作步骤如下：

第一步：录入货物参数表，如图 6-2-2 所示。

第二步：修改冷藏要求取值，如图 6-2-3 所示。

	A	B	C	D	E	F
1	总价值最大的装船任务					
2	货号	单位重量	单位体积	冷藏要求	可燃性指数	价值
3	1	20	2	需要	0.1	5
4	2	5	3	不需要	0.2	10
5	3	10	5	不需要	0.4	15
6	4	12	6	需要	0.1	18
7	5	25	8	不需要	0.2	25

图 6-2-2 货物参数表

J4 f_x

	A	B	C	D	E	F
1	总价值最大的装船任务					
2	货号	单位重量	单位体积	冷藏要求	可燃性指数	价值
3	1	20	2	需要	0.1	5
4	2	5	3	不需要	0.2	10
5	3	10	5	不需要	0.4	15
6	4	12	6	需要	0.1	18
7	5	25	8	不需要	0.2	25
8	货号	单位重量	单位体积	冷藏要求	可燃性指数	价值
9	1	20	2	1	0.1	5
10	2	5	3	0	0.2	10
11	3	10	5	0	0.4	15
12	4	12	6	1	0.1	18
13	5	25	8	0	0.2	25

图 6-2-3 冷藏要求取值

第三步：定义决策变量单元格，如图6-2-4所示。

决策变量数量为5个，标黄区域。

8	货号	单位重量	单位体积	冷藏要求	可燃性指数	价值	决策变量
9	1	20	2	1	0.1	5	
10	2	5	3	0	0.2	10	
11	3	10	5	0	0.4	15	
12	4	12	6	1	0.1	18	
13	5	25	8	0	0.2	25	

图6-2-4 定义决策变量单元格

第四步：目标函数求解。

目标函数公式为货物价值与决策变量矩阵对应相乘求和，使用函数为SUMPRODUCT。
目标函数，如图6-2-5所示。

8	货号	单位重量	单位体积	冷藏要求	可燃性指数	价值	决策变量	重量约束	总体积约束	冷藏体积约束	可燃性指数约束	最大价值
9	1	20	2	1	0.1	5						=SUMPRODUCT(F9:F13,$G$9:$G$13)
10	2	5	3	0	0.2	10		0	0	0	0	
11	3	10	5	0	0.4	15						
12	4	12	6	1	0.1	18						
13	5	25	8	0	0.2	25						

图6-2-5 目标函数

第五步：约束条件1-重量约束，如图6-2-6所示。

8	货号	单位重量	单位体积	冷藏要求	可燃性指数	价值	决策变量	重量约束
9	1	20	2	1	0.1	5		
10	2	5	3	0	0.2	10		=SUMPRODUCT(B9:B13,$G$9:$G$13)
11	3	10	5	0	0.4	15		
12	4	12	6	1	0.1	18		
13	5	25	8	0	0.2	25		

图6-2-6 约束条件1-重量约束

第六步：约束条件2-总体积约束，如图6-2-7所示。

8	货号	单位重量	单位体积	冷藏要求	可燃性指数	价值	决策变量	重量约束	总体积约束
9	1	20	2	1	0.1	5			
10	2	5	3	0	0.2	10			=SUMPRODUCT(C9:C13,$G$9:$G$13)
11	3	10	5	0	0.4	15		0	
12	4	12	6	1	0.1	18			
13	5	25	8	0	0.2	25			

图6-2-7 约束条件2-总体积约束

第七步：约束条件3-冷藏体积约束，如图6-2-8所示。

8	货号	单位重量	单位体积	冷藏要求	可燃性指数	价值	决策变量	重量约束	总体积约束	冷藏体积约束
9	1	20	2	1	0.1	5				
10	2	5	3	0	0.2	10				=SUMPRODUCT(C9:C13,D9:D13,G9:G13)
11	3	10	5	0	0.4	15		0	0	
12	4	12	6	1	0.1	18				
13	5	25	8	0	0.2	25				

图6-2-8 约束条件3-冷藏体积约束

第八步：约束条件 4 - 可燃性指数约束，如图 6 - 2 - 9 所示。

8	货号	单位重量	单位体积	冷藏要求	可燃性指数	价值	决策变量	重量约束	总体积约束	冷藏体积约束	可燃性指数约束
9	1	20	2	1	0.1	5					
10	2	5	3	0	0.2	10					
11	3	10	5	0	0.4	15		0	0	0	=SUMPRODUCT(E9:E13, $G$9:$G$13)
12	4	12	6	1	0.1	18					
13	5	25	8	0	0.2	25					

图 6 - 2 - 9　约束条件 4 - 可燃性指数约束

第九步：规划求解。

选择目标函数单元格；选择决策变量单元格为可变单元格；添加约束条件；选择“单纯线性规划”。规划求解参数设置，如图 6 - 2 - 10 所示。

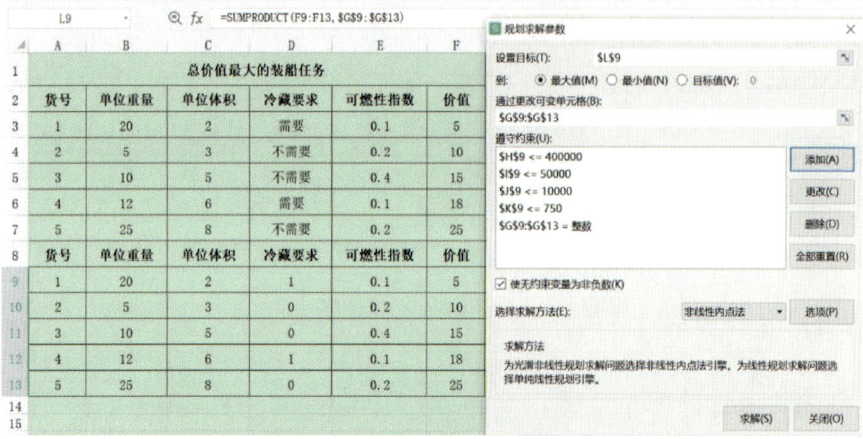

图 6 - 2 - 10　规划求解参数设置

第十步：最优方案，如图 6 - 2 - 11 所示。

8	货号	单位重量	单位体积	冷藏要求	可燃性指数	价值	决策变量	重量约束	总体积约束	冷藏体积约束	可燃性指数约束	最大价值
9	1	20	2	1	0.1	5	0					
10	2	5	3	0	0.2	10	0					
11	3	10	5	0	0.4	15	0	92905	33326	9990	749.9	102895
12	4	12	6	1	0.1	18	1665					
13	5	25	8	0	0.2	25	2917					

图 6 - 2 - 11　最优方案

步骤四：践行方案育匠心。

请同学们秉承守正创新的态度针对船舶配装方案进行决策分析，撰写任务决策方案。船舶配装任务决策分析表，见表 6 - 2 - 3。

表 6 - 2 - 3　　船舶配装任务决策分析表

工作内容	工作步骤	完成要求
船舶配装任务决策分析	（1）可行解分析 （2）最优解分析	课后自主完成
船舶配装任务优化建议	（1）节省空间降成本 （2）安全第一的底线思维 （3）避免超载超限	

任务评价的重要性，任务实现的关键在于决策变量定义、数据分析准确度；任务执行效率高的关键在于 EXCEL 中函数调用、数据强制引用的操作技巧。请对照任务标准进行评分，完成船舶配装任务检查记录工作单，见表 6-2-4。

表 6-2-4　　　　　　　　　　　船舶配装任务检查记录工作单

检查项目	评分标准	任务标准	记录评分
模型检查（20分）	（1）决策变量（10分）（2）目标函数（5分）（3）约束条件（5分）	首先：定义决策变量：装载每一种货物的数量为 x_i，$i=1$，2，3，4，5 其次：明确目标函数，总价值最大，即所有装载货物价值的总和。 $$\max Z = 5x_1 + 10x_2 + 15x_3 + 18x_4 + 25x_5$$ 约束条件1：总重量不超过船舶可以装载的总重量为 400 000kg $$20x_1 + 5x_2 + 10x_3 + 12x_4 + 25x_5 \leqslant 400\ 000$$ 约束条件2：船舶可以装载的总体积为 50 000 立方米 $$2x_1 + 3x_2 + 5x_3 + 6x_4 + 8x_5 \leqslant 50\ 000$$ 约束条件3：船舶可以冷藏的总体积为 10 000 立方米，由于货物1和4需要冷藏，定义货物若需冷藏则取值为1，不需冷藏则取值为0，故有： $$2x_1 + 6x_4 \leqslant 10\ 000$$ 约束条件4：船舶容许的可燃性指数的总和不能超过750 $$0.1x_1 + 0.2x_2 + 0.4x_3 + 0.1x_4 + 0.2x_5 \leqslant 750$$	
EXCEL 数据分析检查（30分）	（1）模型数据录入准确（10分）（2）决策变量单元格定义准确（10分）（3）约束条件及目标函数公式准确（10分）	任务实现的关键在于决策变量定义、数据分析准确度；任务执行效率高的关键在于 EXCEL 中函数调用、数据强制引用的操作技巧。请小组讨论、自查、自评任务完成情况，填写检查记录工作单	
规划求解检查（50分）	（1）目标值（最大或最小）选择（20分）（2）准确且完整添加约束条件（20分）（3）选择单纯线性规划（10分）		

根据执行任务中出现的问题，精心提炼并记录易错点及改进要点，填入船舶配装任务易错点总结，见表6-2-5。为进一步的学习积累经验，小组负责人签字。

表6-2-5 船舶配装任务易错点总结

工作分工	工作内容	工作步骤	易错点总结	改进要点
小组名称	建立数学建模	（1）定义决策变量 （2）定义目标函数 （3）定义约束条件		
	EXCEL 数据分析	（1）决策变量单元格 （2）约束条件 （3）目标函数		
	最优方案分析	（1）可行解 （2）最优解		

按照数学建模、数据分析和职业素养进行检查，在考核评价表格中进行记录、评分。评分采取扣分制，每项扣完为止。船舶配装任务考核评价表，见表6-2-6。

表6-2-6 船舶配装任务考核评价表

项目名称	评价内容	分值	评价分数		
			自评	互评	师评
职业素养考核项目40%	穿戴规范、整洁	6分			
	安全意识、责任意识、节约意识	6分			
	积极参加教学活动，按时完成学生工作活页	10分			
	团队合作、与人交流能力	6分			
	劳动纪律	6分			
	生产现场管理7S标准	6分			
专业能力考核项目60%	数学建模	20分			
	数据分析	30分			
	优化决策	10分			
总分					
总评	自评（20%）＋互评（20%）＋师评（60%）	综合等级	教师（签名）：		

素养成长园地

天舟系列货运飞船—空间站补加全靠它！

神舟飞船上天，航天员最多可以携带几百公斤的随身行李。2013年，神舟十一号飞行乘组的两名航天员在天宫二号空间实验室驻留一个月后，物资基本消耗殆尽。当中国决定建造并长期运营自己的"天宫"空间站，随之而来的一个问题就是，空间站上的推进剂怎么补加？航天员长期驻留，生活物资不够了怎么办？

货运飞船应运而生。如今，中国的天舟系列货运飞船已有五艘扬帆起航，舟行天地，构筑起载人航天工程的生命补给线。作为天地运输通道上的常客，"尽可能运送更多货物"是设计师们追求的主要目标。

从货包来看，天舟二号携带的160多个货包，都呈现为米黄色。神舟十二号载人飞船的3位航天员反馈，因为颜色一样，无法快速识别物资类型。因为货包所用特种材料的颜色很难改变，研制团队开始给货包"打蝴蝶结"，不同颜色的束缚带代表不同种类的货物。

到了天舟四号，货包直接用上了彩色"身份证"。浅蓝、深蓝、绿色、紫色、浅棕、深棕6种颜色，其中绿色代表航天员系统食品，浅棕色代表摄影设备包，紫色代表医学实验领域物资。研制人员建立了地面到云端的全任务周期物资数字化管理系统，可以实现货物自动信息录入和物资取放动态的信息管理等。"这个系统还采用了VR技术，为航天员提供可视化的作业指导书，这样他们找货就更方便了。"天舟系列货运飞船总指挥冯永说。

这样的设计理念体现在方方面面：航天员可以触摸到的所有地方都是钝角、尽量选择柔和的光线和色调、地面砖做成毛面避免反光刺眼、用不同颜色营造"天地"视觉感受、用不同频率和不同声音区分空间站报警类型、对货包内的缓冲泡沫进行分块小型化设计方便航天员带上更多的下行物资……凡是跟人的触觉、嗅觉、味觉、视觉、听觉五种感官相关的，研制人员都要统统考虑到。

"天舟"发展至今，唯一不变的就是"变化"。往往一些单点的创新，在某一天会带来突变。严格把控每一个细节，做到既不"过度设计"也不"欠缺设计"，同时还要考虑成本问题。未来的"天舟"还将实现更快的运输速度，更大的载重能力，更高的运输效能，更多的先期技术验证。

天舟系列货运
飞船-空间站
补加全靠它！

"'箱'伴计划"
服务绿色发展

项目七 编制物流运输规划方案

👨‍🎓 本项目学习目标

素质目标

（1）树立敢于步步为营、善假于物的创新思维。

（2）培养独辟蹊径，善于转换的智慧。

知识目标

（1）掌握标号法求解步骤。

（2）学会将企业问题转换为最短路径问题。

技能目标

（1）能够用 Excel 求解最短路径。

（2）能够灵活解决企业实际问题。

任务一 用路径规划优化和实施物流设备更新方案

⭐ 职业技能目标

通过训练，使学生能够完成物流设备更新方案的数据分析、规划求解、决策方案分析等任务，培养学生具备守正创新的学习态度，培养独辟蹊径、善假于物的智慧，培养步步为营、层层递进的科学决策使学生能够具有独立完成企业资源优化更新的能力，达到为企业制定最优资源更新方案的工作职责目标。

⚡ 任务描述

复兴速达物流公司每年年初都要决定是否购买新设备还是继续使用旧设备。某类型物流设备的年初价格、维修费用及升级费用均已知，两种不同方案的费用见表7-1-1。要求在5年内的年初作出决策，现在面临两种方案：一是通过维修继续使用旧设备；二是通过升级改造继续使用旧设备，减少购买次数。请选择5年总成本最小的最优决策方案。

表 7-1-1   两种不同方案的费用   （单位：万元）

设备役龄	1	2	3	4	5
年初价格	4.5	4.5	5	5	4

设备役龄	1	2	3	4	5
维修费	0.5	1	1.5	3	4
升级费	2	2	2	2	2

任务分解

本项任务共分 4 个部分完成，每一部分均包含 3 个步骤。一是针对现代化智能物流设备进行调研，进行物流设备更新的成本效益分析，可分为制定调研方案，采用文献调研法、实地调研法等实施调研，最后撰写调研报告；二是将物流设备更新问题转换为运输路径规划问题进行建模，明确决策变量、任务目标及受到的约束条件；三是用 EX-CEL 规划求解工具完成数学模型的数据分析任务，具体包括录入年度总成本，包括购买成本、维修成本及升级成本；定义每条边对应的决策变量；在 EXCEL 中输入目标函数及约束条件公式，并进行规划求解；四是物流设备更新决策方案分析，首先对可行方案进行对比分析，然后结合企业实际情况选择最优方案，并在系统进行虚拟仿真操作，最后给出决策方案及建议。物流设备更新任务分解单如图 7-1-1 所示，请参考任务分解单，完成物流设备更新方案。

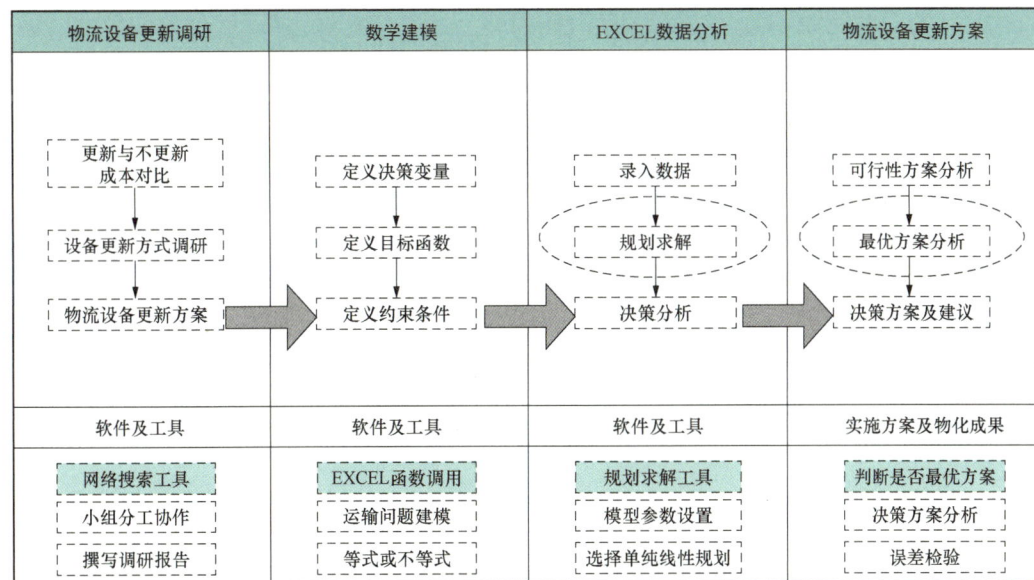

物流设备更新调研	数学建模	EXCEL数据分析	物流设备更新方案
更新与不更新成本对比	定义决策变量	录入数据	可行性方案分析
设备更新方式调研	定义目标函数	规划求解	最优方案分析
物流设备更新方案	定义约束条件	决策分析	决策方案及建议
软件及工具	软件及工具	软件及工具	实施方案及物化成果
网络搜索工具	EXCEL函数调用	规划求解工具	判断是否最优方案
小组分工协作	运输问题建模	模型参数设置	决策方案分析
撰写调研报告	等式或不等式	选择单纯线性规划	误差检验

图 7-1-1　物流设备更新任务分解单

【知识学习】标号法

一、 标号法的步骤

第一步：先给起点 $v1$ 标上 P 标号 $P(v1)=0$，其余各点标上 T 标号 $T(vj)=+\infty$（$j\neq1$）。

第二步：如果刚刚得到 P 标号的点是 vi，那么，对于所有与之相邻的 T 标号的点

vj，将其 $T(vj)$ 标号修改为

$$T'(vj) = \min[T(vj), P(vi) + wij]$$

wij 是 vi 与 vj 之间的权重值。

第三步：比较所有顶点的暂时性标号值，取最小值，记该顶点为永久性标号。重复第二步。直到图中没有 T 标号，则停止。

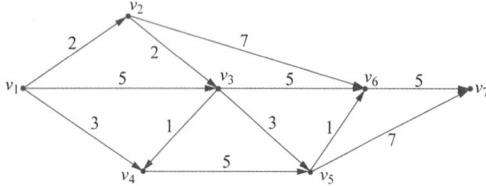

图 7-1-2　交通图

二、　以案例讲解标号法使用

在赋权有向图中，每一个顶点 vi（$i=1$，2，…，n）代表一个城镇；每一条边代表相应两个城镇之间的交通线，其长度用边旁的数字表示。试求城镇 $v1$ 到 $v7$ 之间的最短路径。交通图如图 7-1-2 所示。

第一步：首先给 $v1$ 标上 P 标号 $P(v1)=0$，表示从 $v1$ 到 $v1$ 的最短路径为零。其他点（$v2$，$v3$，…，$v7$）标上 T 标号 $T(vj)=+\infty$（$j=2$，3，…，7）。起始节点标记永久标号，如图 7-1-3 所示。

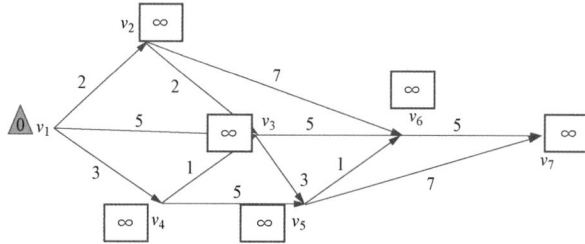

图 7-1-3　起始节点标记永久标号

第二步：$v1$ 是刚得到 P 标号的点。因为（$v1$，$v2$），（$v1$，$v3$），（$v1$，$v4$）$\in E$，而且 $v2$，$v3$，$v4$ 是 T 标号，所以修改这 3 个点的 T 标号为：

$$T(v2) = \min[T(v2), P(v1) + w12] = \min[+\infty, 0+2] = 2$$
$$T(v3) = \min[T(v3), P(v1) + w13] = \min[+\infty, 0+5] = 5$$
$$T(v4) = \min[T(v4), P(v1) + w14] = \min[+\infty, 0+3] = 3$$

暂时性标号计算 1，如图 7-1-4 所示。

第三步：计算 $v2$、$v3$、$v4$ 节点的暂时性标号，比较大小，取最小值并赋予该节点永久性标号。

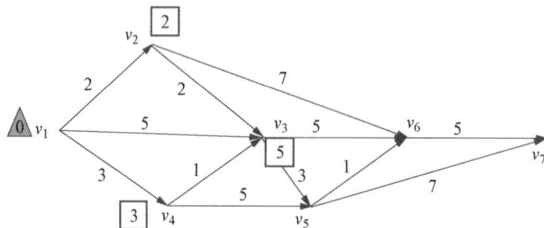

图 7-1-4　暂时性标号计算 1

$$T(v2) = \min[T(v2), P(v1)+w12] = \min[+\infty, 0+2] = 2$$
$$T(v3) = \min[T(v3), P(v1)+w13] = \min[+\infty, 0+5] = 5$$
$$T(v4) = \min[T(v4), P(v1)+w14] = \min[+\infty, 0+3] = 3$$

在所有 T 标号中，$T(V2)=2$ 最小，于是令 $P(V2)=2$。

节点 V_2 标记永久性标号，如图 7 - 1 - 5 所示。

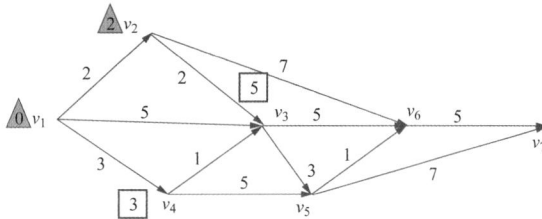

图 7 - 1 - 5　节点 $V2$ 标记永久性标号

第四步：$v2$ 是刚得到 P 标号的点。因为 $(v2, v3)$，$(v2, v6) \in E$，而且 $v3$，$v6$ 是 T 标号，修改 $v3$ 和 $v6$ 的 T 标号。暂时性标号计算 2，如图 7 - 1 - 6 所示。

$$T(v3) = \min[T(v3), P(v2)+w23] = \min[5, 2+2] = 4$$
$$T(v6) = \min[T(v6), P(v2)+w26] = \min[+\infty, 2+7] = 9$$

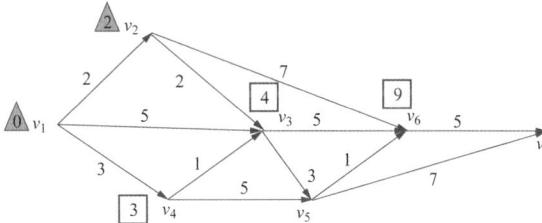

图 7 - 1 - 6　暂时性标号计算 2

第五步：计算 $v3$、$v6$ 节点的暂时性标号，比较大小，取最小值并赋予该节点永久性标号。

$$T(v3) = \min[T(v3), P(v2)+w23] = \min[5, 2+2] = 4$$
$$T(v6) = \min[T(v6), P(v2)+w26] = \min[+\infty, 2+7] = 9$$

在所有的 T 标号中，$T(v4)=3$ 最小，于是令 $P(v4)=3$。节点 4 标记永久性标号，如图 7 - 1 - 7 所示。

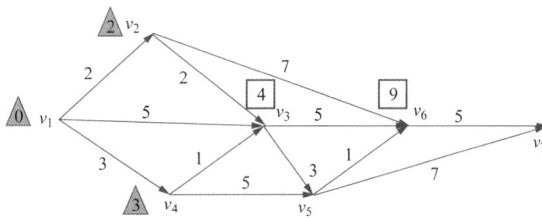

图 7 - 1 - 7　节点 4 标记永久性标号

第六步：$v4$ 是刚得到 P 标号的点。因为（$v4$，$v5$）$\in E$，而且 $v5$ 是 T 标号，故修改 $v5$ 的 T 标号为：

$$T(v5) = \min[T(v5), P(v4) + w45] = \min[+\infty, 3 + 5] = 8$$

暂时性标号计算 3，如图 7-1-8 所示。

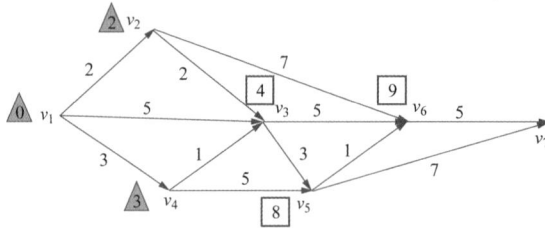

图 7-1-8　暂时性标号计算 3

第七步：在所有的 T 标号中，$T(v3) = 4$ 最小，故令 $P(v3) = 4$。节点 3 标记永久性标号，如图 7-1-9 所示。

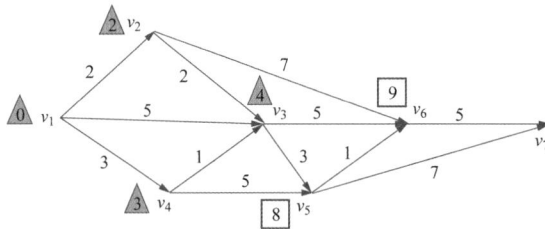

图 7-1-9　节点 3 标记永久性标号

第八步：$v3$ 是刚得到 P 标号的点。因为（$v3$，$v5$），（$v3$，$v6$）$\in E$，而且 $v5$ 和 $v6$ 为 T 标号，故修改 $v5$ 和 $v6$ 的 T 标号为：

$$T(v5) = \min[T(v5), P(v3) + w35] = \min[8, 4 + 3] = 7$$
$$T(v6) = \min[T(v6), P(v3) + w36] = \min[9, 4 + 5] = 9$$

暂时性标号计算 4，如图 7-1-10 所示。

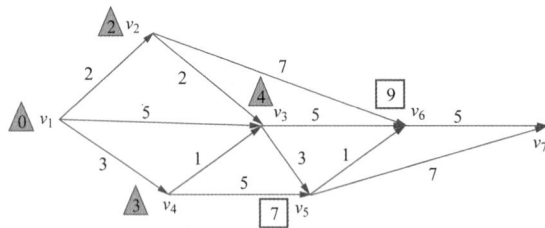

图 7-1-10　暂时性标号计算 4

第九步：计算 $v5$、$v6$ 节点的暂时性标号，比较大小，取最小值并赋予该节点永久性标号。

$$T(v5) = \min[T(v5), P(v3) + w35] = \min[8, 4 + 3] = 7$$

$$T(v6) = \min[T(v6), P(v3) + w36] = \min[9, 4 + 5] = 9$$

在所有的 T 标号中，$T(v5) = 7$ 最小，故令 $P(v5) = 7$。节点 5 标记永久性标号如图 7-1-11 所示。

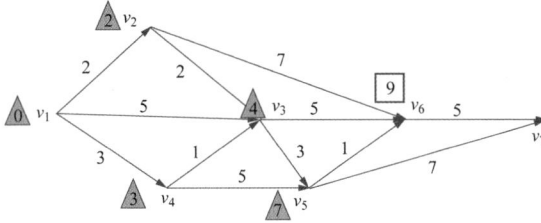

图 7-1-11　节点 5 标记永久性标号

第十步：$v5$ 是刚得到 P 标号的点。因为（$v5$，$v6$），（$v5$，$v7$）$\in E$，而且 $v6$ 和 $v7$ 都是 T 标号，故修改它们的 T 标号为：

$$T(v6) = \min[T(v6), P(v5) + w56] = \min[9, 7 + 1] = 8$$
$$T(v7) = \min[T(v7), P(v5) + w57] = \min[+\infty, 7 + 7] = 14$$

暂时性标号计算 5，如图 7-1-12 所示。

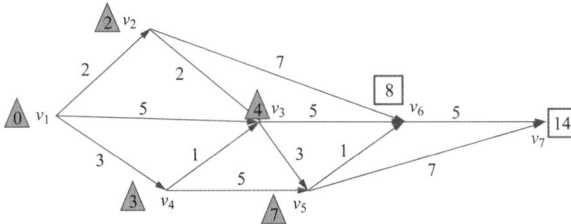

图 7-1-12　暂时性标号计算 5

第十一步：计算 $v6$、$v7$ 节点的暂时性标号，比较大小，取最小值并赋予该节点永久性标号。

$$T(v6) = \min[T(v6), P(v5) + w56] = \min[9, 7 + 1] = 8$$
$$T(v7) = \min[T(v7), P(v5) + w57] = \min[+\infty, 7 + 7] = 14$$

在所有 T 标号中，$T(v6) = 8$ 最小，于是令：$P(v6) = 8$。节点 6 标记永久性标号，如图 7-1-13 所示。

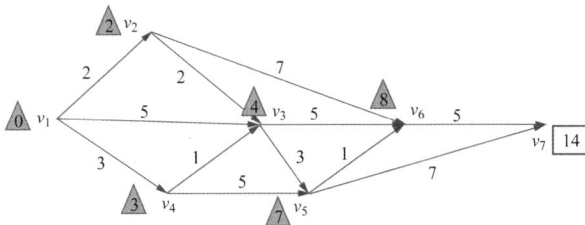

图 7-1-13　节点 6 标记永久性标号

第十二步：$v6$ 是刚得到 P 标号的点。因为（$v6$，$v7$）$\in E$，而且 $v7$ 为 T 标号，故修改它的 T 标号为：

$$T(v7) = \min[T(v7), P(v6) + w67] = \min[14, 8+5] = 13$$

暂时性标号计算 6，如图 7 - 1 - 14 所示。

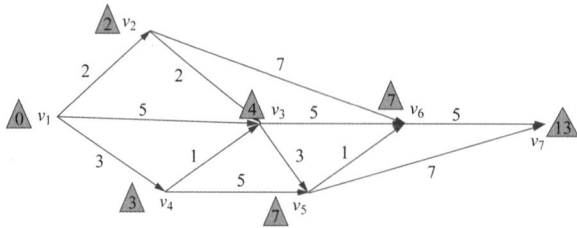

图 7 - 1 - 14　暂时性标号计算 6

第十三步：目前只有 $v7$ 是 T 标号，故令：P（$v7$）$=13$。节点 7 标记永久性标号，如图 7 - 1 - 15 所示。

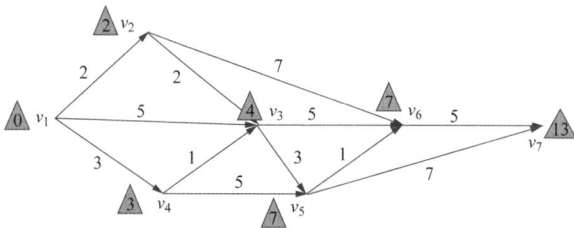

图 7 - 1 - 15　节点 7 标记永久性标号

从城镇 $v1$ 到 $v7$ 之间的最短路径为（$v1$，$v2$，$v3$，$v5$，$v6$，$v7$），最短路径长度为 13。

【技能学习】运输路径规划问题优化求解

某物流公司要把一批货物从公路网络中的 V1 城运送到 V7 城。最短路径问题，如图 7 - 1 - 16 所示。网络中各边旁的数字表示相应两城之间的公路里程（公里）。试问：汽车应走从 V1 到 V7 的什么路线才能使所行驶的里程最少？

第一步：建立模型，录入所有边和距离，如图 7 - 1 - 17 所示。

第二步：定义决策变量。

令变量为 0 或 1。即如果最短路径通过该节点，则决策变量为 1，不通过则为 0。决策变量，如图 7 - 1 - 18 所示。

第三步：计算和赋值节点的进出度代数和。

除起点和终点之外，每个点的进出度代数和是 0，起点的进出度代数和是 1，终点进出度代数和是 -1。计算各节点进出度代数和如

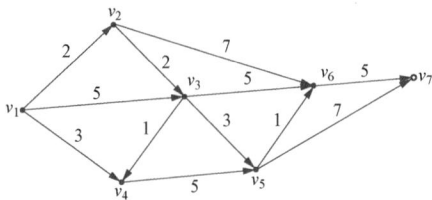

图 7 - 1 - 16　最短路径问题

130

图 7-1-19所示，赋值各节点进出度代数和如图 7-1-20 所示。

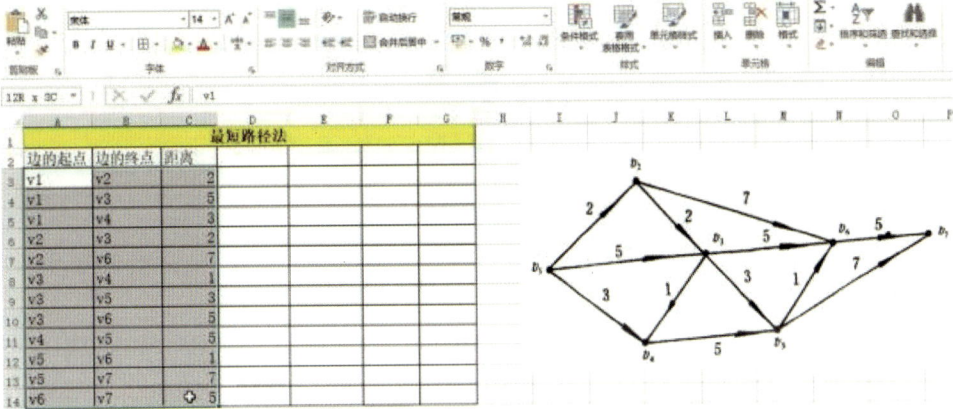

图 7-1-17　边和距离

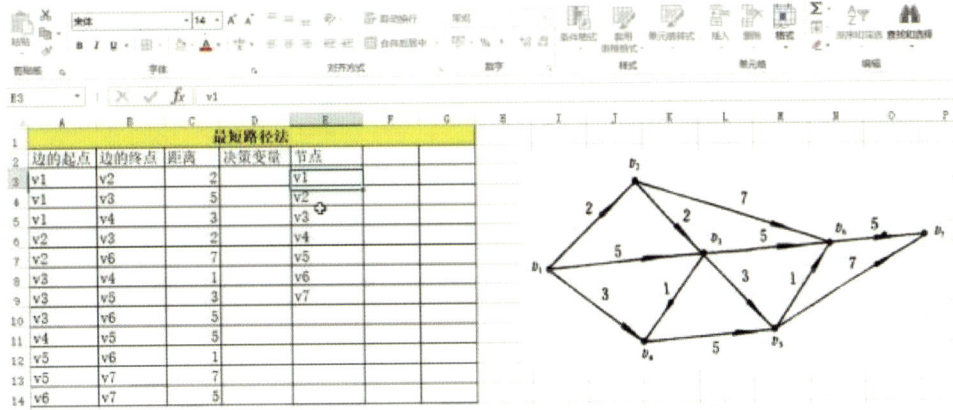

图 7-1-18　决策变量

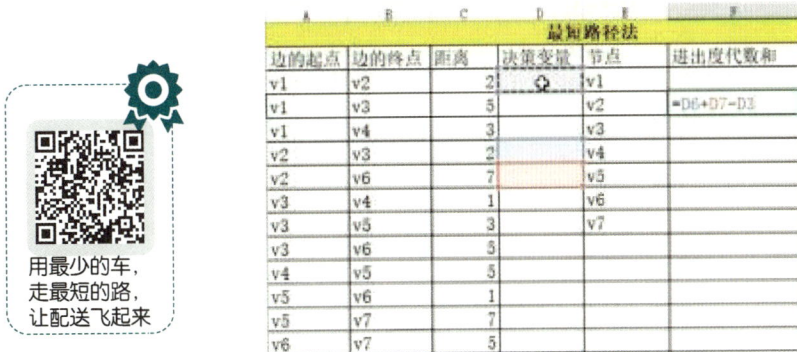

用最少的车，
走最短的路，
让配送飞起来

最短路径法					
边的起点	边的终点	距离	决策变量	节点	进出度代数和
v1	v2	2		v1	
v1	v3	5		v2	=D6+D7-D3
v1	v4	3		v3	
v2	v3	2		v4	
v2	v6	7		v5	
v3	v4	1		v6	
v3	v5	3		v7	
v3	v6	5			
v4	v5	5			
v5	v6	1			
v5	v7	7			
v6	v7	5			

图 7-1-19　计算各节点进出度代数和

第四步：计算目标函数。

目标函数是各边权数和对应决策变量乘积的和。目标函数，如图 7-1-21 所示。

图 7-1-20　赋值各节点进出度代数和

图 7-1-21　目标函数

第五步：设置规划参数，如图 7-1-22 所示。

第六步：求解最优解如图 7-1-23 所示。

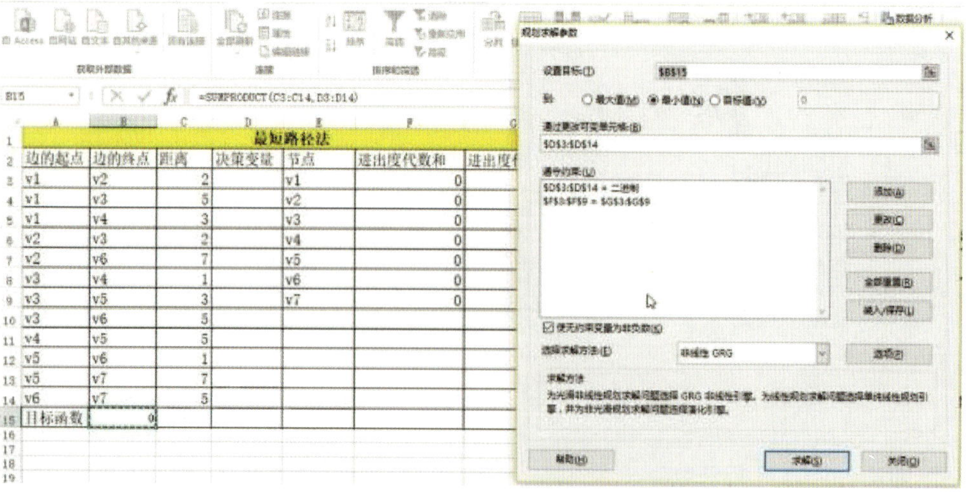

图 7-1-22　设置规划参数

边的起点	边的终点	距离	决策变量	节点
		最短路径		
v1	v2	2	1	v1
v1	v3	5	0	v2
v1	v4	3	0	v3
v2	v3	2	1	v4
v2	v6	7	0	v5
v3	v4	1	0	v6
v3	v5	3	1	v7
v3	v6	5	0	
v4	v5	5	0	
v5	v6	1	1	
v5	v7	7	0	
v6	v7	5	1	最优路径
目标函数	13			

规划求解结果

规划求解找到一解，可满足所有的约束及最优状况。

报告
运算结果报告

○ 保留规划求解的解

○ 还原初值

□ 返回"规划求解参数"对话框　　　□ 制作报告大纲

确定　　取消　　保存方案...

规划求解找到一解，可满足所有的约束及最优状况。

使用 GRG 引擎时，规划求解至少找到了一个本地最优解。使用单纯线性规划时，这意味着规划求解已找到一个全局最优解。

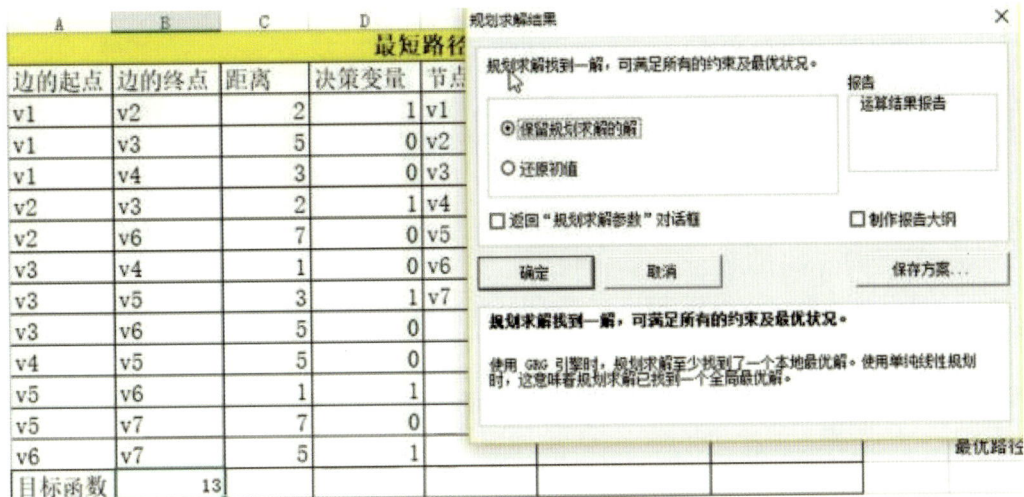

图 7-1-23　最优解

任务实施

步骤一：实析任务真调研。

请同学们秉承求真务实的态度针对物流设备更新意义及现状进行调研，可选取一家企业或多家企业完成调研任务。物流设备更新任务调研表见表 7-1-2。

表 7-1-2　　　　　　　　物流设备更新任务调研表

调研内容	调研方案	撰写报告
智能物流设备类型		课前自主完成
物流设备更新意义		
物流设备更新方案选择		

步骤二：学思践悟定模型。

引导问题 1：此任务中要解决的问题是什么？

A. 确定是否更新物流设备

B. 确定是否维修物流设备

C. 通过比较物流设备更新或维修的成本，确定最终方案

引导问题 2：此任务中目标函数是什么？（　　　）

A. 总效益最大

B. 总成本最小

C. 总利润最大

引导问题3：在进行物流设备更新的时候受到哪些约束？（　　）

A. 不同年限下更新成本　　　　　　B. 不同年限下维修成本

C. 不受任何约束　　　　　　　　　D. 以上都不对

步骤三：巧用工具析数据。

第一方案：通过维修继续使用旧设备，维修旧物流设备总成本，见表7-1-3。

表7-1-3　　　　　　　　　　维修旧物流设备总成本　　　　　　　　（单位：万元）

年份	第1年	第2年	第3年	第4年	第5年	第6年
第1年	4.5	5	6	7.5	10.5	14.5
第2年		4.5	5	6	7.5	10.5
第3年			5	5.5	6.5	8
第4年				5	5.5	6.5
第5年					4	4.5

第二方案：当采用升级设备时，更新物流设备总成本，见表7-1-4。

表7-1-4　　　　　　　　　　更新物流设备总成本　　　　　　　　（单位：万元）

年份	第1年	第2年	第3年	第4年	第5年	第6年
第1年	4.5	6.5	8.5	10.5	12.5	14.5
第2年		4.5	6.5	8.5	10.5	12.5
第3年			5	7	9	11
第4年				5	7	9
第5年					4	4.5

搭建好了数学模型，同学们就可以对设备维护与更新任务进行数据分析了，同时可以利用EXCEL求解，给出最优决策方案。演示过程如下。

第一方案：通过EXCEL计算，求得最小费用，最优结果，见表7-1-5。

表7-1-5　　　　　　　　　　最　优　结　果　　　　　　　　　　（单位：万元）

边的起点	边的终点	年度总成本	决策变量	年度节点	进出度代数和	进出度代数和
第1年	第2年	5	0	第1年	1	1
第1年	第3年	6	1	第2年	0	0
第1年	第4年	7.5	0	第3年	0	0
第1年	第5年	10.5	0	第4年	0	0
第1年	第6年	14.5	0	第5年	0	0

边的起点	边的终点	年度总成本	决策变量	年度节点	进出度代数和	进出度代数和
第2年	第3年	5	0	第6年	−1	−1
第2年	第4年	6	0	最小总成本	14	
第2年	第5年	7.5	0			
第2年	第6年	10.5	0			
第3年	第4年	5.5	0			
第3年	第5年	6.5	0			
第3年	第6年	8	1			
第4年	第5年	5.5	0			
第4年	第6年	6.5	0			
第5年	第6年	4.5	0			

第二方案：当采用更新设备时，该设备每年所需总成本参照数学模型参数系数表，见表 7-1-6。

表 7-1-6　　　　　　　　　　　数学模型参数系数表　　　　　　　　　（单位：万元）

边的起点	边的终点	年度总成本	决策变量	年度节点	进出度代数和	进出度代数和
第1年	第2年	6.5	0	第1年	1	1
第1年	第3年	8.5	0	第2年	0	0
第1年	第4年	10.5	0	第3年	0	0
第1年	第5年	12.5	0	第4年	0	0
第1年	第6年	14.5	1	第5年	0	0
第2年	第3年	6.5	0	第6年	−1	−1
第2年	第4年	8.5	0	最小总成本	14.5	
第2年	第5年	10.5	0			
第2年	第6年	12.5	0			
第3年	第4年	7	0			
第3年	第5年	9	0			
第3年	第6年	11	0			
第4年	第5年	7	0			
第4年	第6年	9	0			
第5年	第6年	4.5	0			

步骤四：践行方案育匠心。

请同学们秉承守正创新的态度针对物流设备维修或升级方案进行决策分析，撰写任务决策方案物流设备更新任务决策分析表，见表 7-1-7。

表 7-1-7 物流设备更新任务决策分析表

工作内容	工作步骤	完成要求
物流设备更新 任务决策分析	（1）可行解分析 （2）最优解分析	课后自主完成
物流设备更新 任务优化建议	（1）降本、提质、增效 （2）决策成本比较 （3）避免资源浪费	

物流设备
使用规划

📋 任务评价

　　任务评价的重要性，任务实现的关键在于决策变量定义、数据分析准确度；任务执行效率高的关键在于 EXCEL 中函数调用、数据强制引用的操作技巧。请对照任务标准进行评分，完成物流设备更新任务检查记录工作单，见表 7-1-8。

表 7-1-8　　　　　　　　　　　　物流设备更新任务检查记录工作单

检查项目	评分标准	任务标准	记录评分
模型检查 （20分）	（1）决策变量（10分） （2）目标函数（5分） （3）约束条件（5分）	定义决策变量：是否选择该线路，若选择则取值为1，反之为0 定义目标函数：总成本最小 定义约束条件：各节点出入度代数和等于固定值	
EXCEL 数据 分析检查 （30分）	（1）模型数据录入准确（10分） （2）决策变量单元格定义准确（10分） （3）约束条件及目标函数公式准确（10分）		
规划求 解检查 （50分）	（1）目标值（最大或最小）选择（20分） （2）准确且完整添加约束条件（20分） （3）选择单纯线性规划（10分）		

　　根据执行任务中出现的问题，精心提炼并记录易错点及改进要点，填入物流设备更新任务易错点总结，见表 7-1-9。为进一步的学习积累经验，小组负责人签字。

表 7 - 1 - 9 物流设备更新任务易错点总结

工作分工	工作内容	工作步骤	易错点总结	改进要点
小组名称	建立数学建模	(1) 定义决策变量 (2) 定义目标函数 (3) 定义约束条件		
	EXCEL 数据分析	(1) 决策变量单元格 (2) 约束条件 (3) 目标函数		
	最优方案分析	(1) 可行解 (2) 最优解		

按照数学建模、数据分析和职业素养进行检查,在考核评价表格中进行记录、评分。评分采取扣分制,每项扣完为止。物流设备更新任务考核评价表,见表 7 - 1 - 10。

表 7 - 1 - 10 物流设备更新任务考核评价表

项目名称	评价内容	分值	评价分数		
			自评	互评	师评
职业素养 考核项目 40%	穿戴规范、整洁	6 分			
	安全意识、责任意识、 节约意识	6 分			
	积极参加教学活动,按时 完成学生工作活页	10 分			
	团队合作、与人交流能力	6 分			
	劳动纪律	6 分			
	生产现场管理 7S 标准	6 分			
专业能力考核 项目 60%	数学建模	20 分			
	数据分析	30 分			
	优化决策	10 分			
	总分				
总评	自评(20%)+互评(20%)+ 师评(60%)	综合等级	教师(签名):		

中国速度:这是
史上中国最快
太空快递

中国首条长距
离输煤管道

137

1. 中国邮递员问题

中国邮递员问题（CPP）是邮递员在某一地区的信件投递路程问题。邮递员每天从邮局出发，走遍该地区所有街道再返回邮局，问题是他应如何安排送信的路线可以使所走的总路程最短。这个问题由中国学者管梅谷在 1960 年首先提出，并给出了解法——"奇偶点图上作业法"，被国际上统称为"中国邮递员问题"。

用图论的语言描述，给定一个连通图 G，每边 E 有非负权，要求一条回路经过每条边至少一次，且满足总权最小。如果用顶点表示交叉路口，用边表示街道，那么邮递员所管辖的范围可用一个赋权图来表示，其中边的权重表示对应街道的长度。如果邮递员所通过的街道都是单向道，则对应的图应为有向图。

2. 旅行商问题

TRAVELING SALESMAN PROBLEM，即旅行商问题，是数学领域中著名问题之一。假设有一个旅行商人要拜访 N 个城市，他必须选择所要走的路径，路径的限制是每个城市只能拜访一次，而且最后要回到原来出发的城市。路径的选择目标是要求得的路径路程为所有路径之中的最小值，这是一个 NP 难问题。

任务二　用节约里程法优化和实施回收废弃物配送方案

✪ 职业技能目标

通过训练，使学生能够完成回收废弃物配送方案的数据分析、规划求解、决策方案分析等任务，培养学生具备资源节约、循环利用的智慧，培养独辟蹊径、善假于物的智慧，培养科学发展观使学生能够具有独立完成回收废弃物配送方案实施能力，达到为企业制定最优配送方案的工作职责目标。

⚡ 任务描述

复兴速达物流公司负责郑东新区垃圾回收站物流配送工作，该回收站周围有 50 个小区，分为 9 个小区群，已知该回收站与 9 个小区群及小区群之间的具体内容，见表 7 - 2 - 1。

表 7 - 2 - 1　　　　　　　　　9 个小区群及小区群之间的具体内容

编号	所属小区群	包含小区个数	日均清运量/kg
A	4	5	0.62
B	9	1	2.1
C	6	2	0.3

编号	所属小区群	包含小区个数	日均清运量/kg
D	7	1	2.5
E	1	41	3
F	3	11	1.2
G	8	7	0.9
H	2	29	1.5
I	5	3	0.4

已知 9 个小区群每天需要回收的平均垃圾数量，垃圾清运路径图，如图 7 - 2 - 1 所示。

请你利用节约里程法制定 9 个小区群的回收垃圾清运路径方案。

已知该回收物流配送站备有额定载重量为 6 吨的卡车 2 辆，额定载重量为 2 吨的卡车 2 辆。

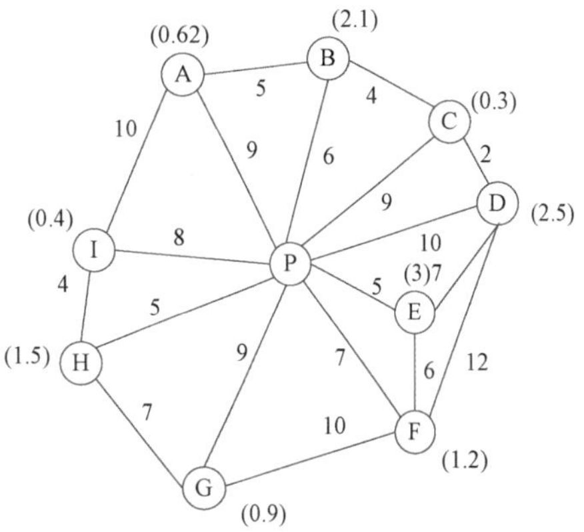

图 7 - 2 - 1　垃圾清运路径图

🧪 任务分解

本项任务共分 4 个部分完成，每一部分均包含 3 个步骤。一是针对资源垃圾的循环再利用进行调研，进行垃圾的循环再利用的成本效益分析，可分为制定调研方案，采用文献调研法、实地调研法等实施调研，最后撰写调研报告；二是将垃圾的循环再利用问题转换为运输路径规划问题进行建模，明确决策变量、任务目标及受到的约束条件；三是用 EXCEL 完成数学模型的数据分析任务；四是配送路线优化决策方案分析，首先对可行方案进行对比分析，然后结合回收站实际情况选择最优方案，并在系统进行虚拟仿真操作，最后给出决策方案及建议。回收废弃物处理任务分解单如图 7 - 2 - 2 所示，请参考任务分解单，完成垃圾回收配送路线优化方案。

【知识学习】节约里程法

节约里程法应用于配送中心一对多的配送，它的基本思想就是尽量由一辆车装载所有客户的货物，沿一条最短路线，依次将货物送达每个客户手中。

一、节约里程法原理

假设一个配送中心，给两个客户进行送货。P 到 A 的距离设为 a，P 到 B 的距离为 b。

第一种送货方案：往返单独送货，运输距离 $= 2a + 2b$。

第二种送货方案：巡回共同送货，运输距离 $= a + b + c$。

方案 1 运输里程减去方案 2 运输里程可以得到 $a + b - c$。

由三角形性质，两边之和大于第三边即 $a + b > c$。

回收废弃物处理调研	数学建模	EXCEL数据分析	物流配送方案选择
绿色逆向物流内涵	定义决策变量	录入数据	可行性方案分析
回收处理方式调研	定义目标函数	规划求解	最优方案分析
回收废弃配送方案	定义约束条件	决策分析	决策方案及建议
软件及工具	软件及工具	软件及工具	实施方案及物化成果
网络搜索工具	EXCEL函数调用	规划求解工具	判断是否最优方案
小组分工协作	节约里程原来	模型参数设置	决策方案分析
撰写调研报告	节约里程步骤	选择单纯线性规划	误差检验

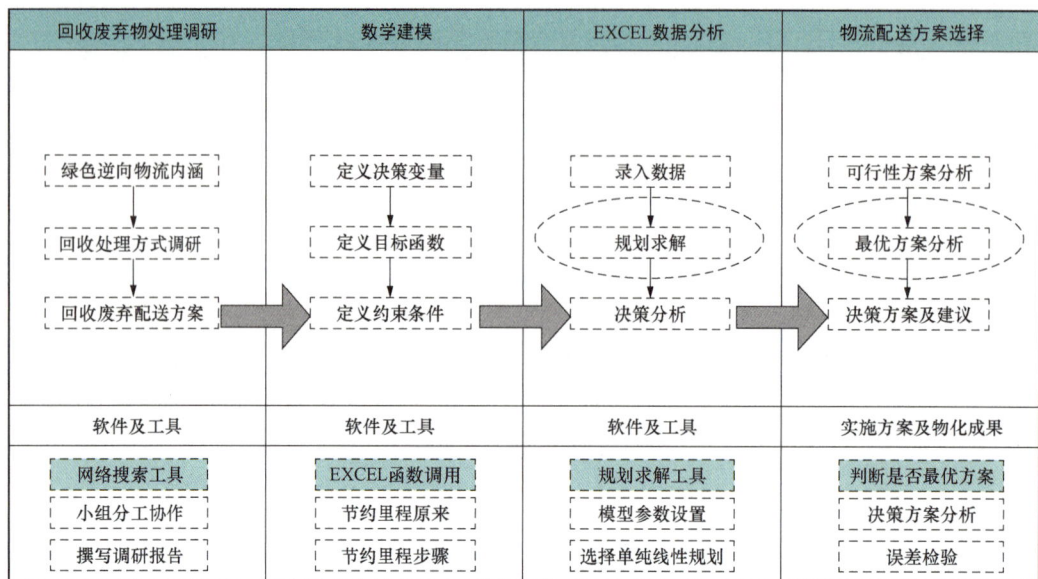

图 7-2-2 回收废弃物处理任务分解单

也就是说两种方案进行比较，巡回送货方案比往返单独送货可以节约的运输里程为 $a+b-c$。

基于这个原理，得到节约里程法的计算步骤：

第一步：列出配送中心到用户及用户间的最短距离。

第二步：计算节约里程数。

计算配送中心到任意两个客户进行配送可以节约的里程。

第三步：节约里程数降序排列。

第四步：设置配送方案。

根据配送中心车辆配置，司机人员配置，以节约最多里程数为目的，设置配送方案。

二、 节约里程法应用条件

（1）客户要求的交货时间基本一致。

（2）客户地理区域位置接近。

（3）适用稳定的客户群。

（4）配装时车辆不能超载。

下面以一个案例详细讲解节约里程法的计算过程。

配送中心 P0 向 P1，P2，P3，P4，P5 共 5 个客户配送货物，该配送中心和 5 家客户之间的运输距离（km）以及 5 家客户需要送货的数量（t）已知。配送中心到用户及用户之间的距离，如图 7-2-3 所示。该配送中心备有额定载重量为 2t 的卡车 3 辆，额定载重量 4t 的卡车 2 辆。

第一步：列出配送中心到用户及用户间的最短距离，见表 7-2-2。

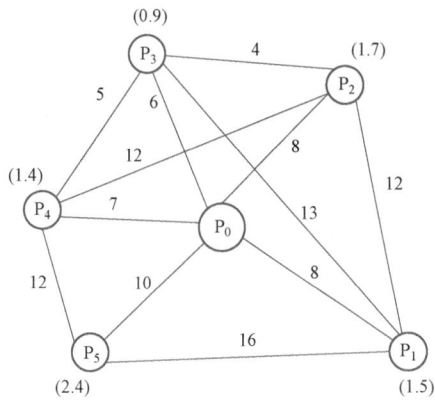

图 7 - 2 - 3 配送中心到用户及用户之间的距离

表 7 - 2 - 2　　　　　　　　配送中心到用户及用户间的最短距离

各客户需求量	P0					
1.5	8	P1				
1.7	8	12	P2			
0.9	6	14	4	P3		
1.4	7	15	9	5	P4	
2.4	10	16	18	16	12	P5

第二步：计算配送中心到任意两个客户进行配送可以节约的里程。

两两客户组合，分别计算节约里程数，计算结果填入节约里程数，见表 7 - 2 - 3。

表 7 - 2 - 3　　　　　　　　节 约 里 程 数

P1 - P2	4
P1 - P3	0
P1 - P4	0
P1 - P5	2
P2 - P3	10
P2 - P4	6
P2 - P5	0
P3 - P4	8
P3 - P5	0
P4 - P5	5

第三步：节约里程数降序排列。

将所有节约里程数按照降序方法进行排序。节约里程数降序排列表，表 7 - 2 - 4。

表 7 - 2 - 4 　　　　　　　　　节约里程数降序排列表

P2 - P3	10
P3 - P4	8
P2 - P4	6
P4 - P5	5
P1 - P2	4
P1 - P5	2
P3 - P5	0
P2 - P5	0
P1 - P4	0
P1 - P3	0

第四步：设置配送方案。

首先，考虑节约里程数最大的组合 P2 - P3，计算二者的需求量，共计 2.6t，若配置额定载重量为 2t 的车辆会超载，配置额定载重量为 4t 的车辆则未装满车，因此考虑另外一个节约里程数较大的组合 P3 - P4，此时 P2 - P3 - P4 的需求量恰好为 4t，因此，一个优化配送方案就是 P0 - P2 - P3 - P4，P0 - P2 - P3 - P4 运输量 1.7＋0.9＋1.4 ＝ 4 需一辆 4t 的车，节约里程共计 18km。

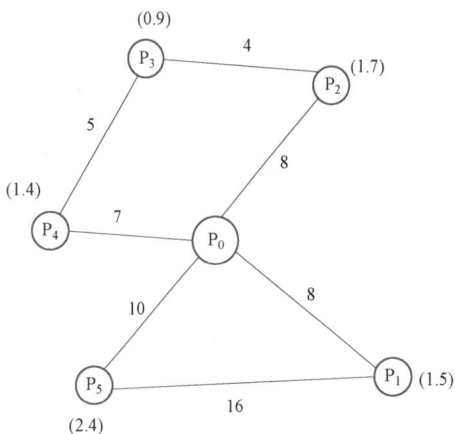

排除掉 P2 - P3 - P4 三个客户以后，考虑剩下的两个客户组合 P1 - P5，二者需求量共计 3.9t，节约里程数 2km，配置一辆 4t 的车即可。

最优配送路线图，如图 7 - 2 - 4 所示。

图 7 - 2 - 4　最优配送路线图

无论是手工算法还是智能算法，都有助于我们明确配送路线优化的基本思想，目的就是为了提升车辆利用率，形成规模经济，降低配送成本。

任务实施

步骤一：实析任务真调研。

请同学们秉承求真务实的态度针对垃圾的循环再利用意义及现状进行调研，可选取一家企业或多家企业完成调研任务。回收废弃物处理任务调研表见表 7 - 2 - 5。

节约里程法
数据分析

表 7-2-5 　　　　　　　　垃圾循环处理任务调研表

调研内容	调研方案	撰写报告
垃圾的循环再利用现状		课前自主完成
垃圾的循环再利用意义		
循环再利用垃圾配送中存在问题		

步骤二：学思践悟定模型。

引导问题 1：此任务中要解决的问题是什么？（　　　）

A. 确定是否对垃圾进行循环再利用

B. 确定小区群垃圾清运路线

C. 制定 9 个小区群的回收垃圾清运路径方案

引导问题 2：此任务中目标函数是什么？（　　　）

A. 总效益最大　　　　B. 总成本最小　　　　C. 总利润最大　　　　D. 总路线最短

引导问题 3：在进行清运路线选择时受到哪些约束？（　　　）

A. 清运车辆数量受限　　　　　　　　　B. 清运车辆载重量受限

C. 不受任何约束　　　　　　　　　　　D. 以上都不对

步骤三：巧用工具析数据。

首先，用最短路径法求解各小区群之间的最短距离及回收站与小区群之间的最短距离，见表 7-2-6。

表 7-2-6 　　　回收站与 9 个小区群及小区群之间最短运输距离 　　　（单位：km）

P									
9	A								
6	5	B							
9	9	4	C						
10	11	6	2	D					
5	14	11	9	7	E				
7	16	13	14	12	6	F			
9	18	15	18	19	14	10	G		
5	14	11	14	15	10	12	7	H	
8	10	14	17	18	13	15	11	4	I

其次，根据最短路径结果和节约里程法的基本原理，计算出各小区群之间的节约里程数见表 7-2-7。

表 7-2-7 　　　　　　　　　　　节 约 里 程 数 　　　　　　　　　（单位：km）

A								
10	B							
9	11	C						
8	10	17	D					
0	0	5	8	E				
0	0	2	5	6	F			
0	0	0	0	0	6	G		
0	0	0	0	0	0	7	H	
7	0	0	0	0	0	6	9	I

然后，按照节约里程数大小进行排序，节约里程数排序，见表 7-2-8。

表 7-2-8 　　　　　　　　　　节 约 里 程 数 排 序 　　　　　　　　（单位：km）

序号	连接点	节约里程	序号	连接点	节约里程
1	C-D	17	9	A-I	7
2	B-C	11	10	G-H	7
3	A-B	10	11	E-F	6
4	B-D	10	12	F-G	6
5	A-C	9	13	G-I	6
6	H-I	9	14	D-F	5
7	D-E	8	15	C-E	5
8	A-D	8	16	C-F	2

最后，确定清运路线。按照节约里程排序表，从节约数最多的开始优化，组成配送路线图。

1. 构建初始方案，如图 7-2-5 所示。

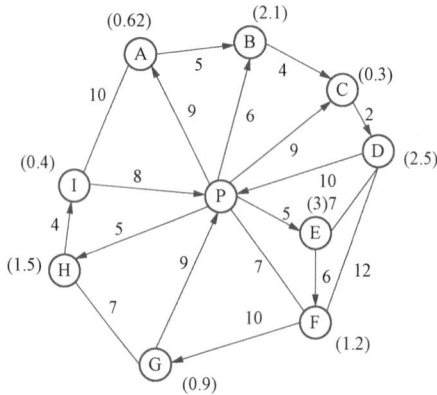

图 7-2-5　初始方案

2. 修正初始方案。得到最优清运路线方案，见图 7-2-6 和表 7-2-9。

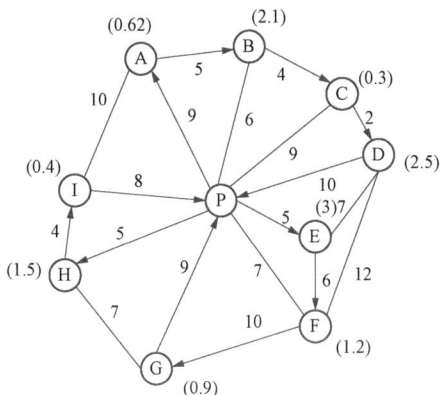

图 7-2-6　最优方案

表 7-2-9　　　　　　　　　　　　　最 优 清 运 路 线 方 案

路线序号	具体行程	运行距离/km	运量/t
1	P-A-B-C-D-P	30	5.52
2	P-E-F-G-P	30	5.1
3	P-H-I-P	17	1.9
合计		77	12.52

步骤四：践行方案育匠心。

请同学们秉承守正创新的态度针对垃圾的循环再利用维修或升级方案进行决策分析，撰写任务决策方案见表 7-2-10。

表 7-2-10　　　　　　　　　回收废弃物循环配送任务决策分析表

工作内容	工作步骤	完成要求
垃圾的循环再利用更新任务决策分析	(1) 可行解分析 (2) 最优解分析	课后自主完成
垃圾的循环再利用更新任务优化建议	(1) 降本、提质、增效 (2) 决策成本比较 (3) 避免资源浪费	

✅ 任务评价

任务评价的重要性，任务实现的关键在于决策变量定义、数据分析准确度；任务执行效率高的关键在于 EXCEL 中函数调用、数据强制引用的操作技巧。请对照任务标准进行评分，完成回收废弃物处理任务检查记录工作单，见表 7-2-11。

利用节约里程法优化逆向物流配送

表 7-2-11　　　　　　　　　　回收废弃物处理任务检查记录工作单

检查项目	评分标准	任务标准	记录评分	
模型检查 （20分）	（1）决策变量（10分） （2）目标函数（5分） （3）约束条件（5分）			
EXCEL 数据分析检查 （30分）	（1）模型数据录入准确（10分） （2）决策变量单元格定义准确（10分） （3）约束条件及目标函数公式准确（10分）			
规划求解检查 （50分）	（1）目标值（最大或最小）选择（20分） （2）准确且完整添加约束条件（20分） （3）选择单纯线性规划（10分）			

根据执行任务中出现的问题，精心提炼并记录易错点及改进要点，填入回收废弃物处理任务易错点总结，见表 7-2-12。为进一步的学习积累经验，小组负责人签字。

表 7-2-12　　　　　　　　　　回收废弃物处理任务易错点总结

工作分工	工作内容	工作步骤	易错点总结	改进要点
小组名称	建立数学建模	（1）定义决策变量 （2）定义目标函数 （3）定义约束条件		
	EXCEL 数据分析	（1）决策变量单元格 （2）约束条件 （3）目标函数		
	最优方案分析	（1）可行解 （2）最优解		

按照数学建模、数据分析和职业素养进行检查，在考核评价表格中进行记录、评分。评分采取扣分制，每项扣完为止。回收废弃物处理任务考核评价表，见表 7-2-13。

表 7-2-13　　　　　　　　　　回收废弃物处理任务考核评价表

项目名称	评价内容	分值	评价分数		
			自评	互评	师评
职业素养 考核项目 40%	穿戴规范、整洁	6分			
	安全意识、责任意识、节约意识	6分			
	积极参加教学活动，按时 完成学生工作活页	10分			
	团队合作、与人交流能力	6分			
	劳动纪律	6分			
	生产现场管理 7S 标准	6分			

146

项目名称	评价内容	分值	评价分数		
			自评	互评	师评
专业能力考核项目60%	数学建模	20分			
	数据分析	30分			
	优化决策	10分			
总分					
总评	自评（20%）＋互评（20%）＋师评（60%）	综合等级	教师（签名）：		

🌱 素养成长园地

快递小哥获评高层次人才称号

顺丰低碳运营实践

在四川省凉山彝族自治州布拖县，国家电网白鹤滩—浙江±800千伏特高压直流输电工程四川段实现全线贯通，作为我国"西电东送"工程的战略大动脉，这项跨5个省市、全长达2080千米的工程，只需要7毫秒就可以把水电从四川送至江苏。

白鹤滩—浙江±800千伏特高压直流输电工程重庆段顺利完成长江大跨越。7毫秒运送电力速度背后，正是中国领跑世界的特高压技术。特高压输电技术不仅能用更少的线路完成对更多能量的传输，还能将电力的传输消耗降低到500千伏普通线路的十六分之一，有效提升中国对电能的利用率。从"中国创造"到"中国引领"，从"装备中国"到"装备世界"，特高压是中国乃至世界电力行业发展的重要里程碑。

新华社：7毫秒"闪送"2080公里！这条"中国路"领跑世界

项目八　物流项目优化实施

本项目学习目标

素质目标
（1）树立敢于打破常规、独辟蹊径的逆向思维。
（2）培养解决分清主次矛盾的智慧。

知识目标
（1）掌握双代号网络图绘制原则。
（2）学会求解时间参数。

技能目标
（1）能够用 Excel 求解关键工序。
（2）能够灵活解决企业实际问题。

任务一　物流储配中心项目管理优化与实施

职业技能目标

通过训练，使学生能够完成物流储配中心项目管理的数据分析、规划求解、决策方案分析等任务，培养学生敢于打破常规，独辟蹊径的逆向思维，分清主次矛盾的智慧，使学生能够具有独立完成企业复杂项目管理的能力，达到为企业制定最优项目管理方案的工作职责目标。

任务情境

物流作业项目管理是在一定的环境和资源约束下，通过项目管理者的努力，运用系统的观点、方法和理论，对物流作业项目涉及的全部资源和工作进行有效地管理，即从项目开始到项目结束的全过程进行计划、组织、指挥、协调、控制和评价，以实现项目目标的管理理论体系和管理过程。复兴速达物流公司计划通过对自身物流储配中心项目管理进行优化，以期达到降低物流成本，提升物流服务水平的目的。

任务描述

复兴速达物流公司储配作业项目中各项工作任务的逻辑关系及持续时间，见表 8-1-1。

表 8-1-1　　　　　　　　　　　　　　工作任务的逻辑关系及持续时间

序号	配送中心储配作业		工作序号	紧前活动	估计工期（min）
1	储配作业计划制定	启动储配作业	A1		30
2		制定入库作业计划	A2	A1	25
3		制定出库作业计划	A3	A2	20
4		制定配送作业计划	A4	A3	15
5	入库作业实施	物品验收	B1	A2，A3，A4	30
6		堆码作业	B2	B1	40
7		重型货架入库	B3	B2	30
8		电子标签货架入库	B4	B2	20
9		B2C货架入库	B5	B2	20
10	出库作业实施	录入客户订单	C1	B3，B4，B5	15
11		重型货架拣货作业	C2	C1	30
12		电子标签货架拣货作业	C3	C1	20
13		B2C货架拣货作业	C4	C1	15
14	送货作业	司机分配	D1	C2，C3，C4	10
15		车辆调度	D2	C2，C3，C4	10
16		路线优化选择	D3	C2，C3，C4	10
17		车辆配载配装	D4	D1，D2，D3	60

任务分解

本项任务共分4个部分完成，一是针对物流中心储配作业项目管理进行调研，分析不合理的工序安排带来的资源浪费，可分为制定调研方案，采用文献调研法、实地调研法等实施调研，最后撰写调研报告；二是针对实际任务利用EXCEL计算时间参数；三是明确关键工序，确定关键路线，优化工作任务；四是项目决策方案分析，首先对可行方案进行对比分析，然后结合企业实际情况选择最优方案，并在系统进行虚拟仿真操作，最后给出决策方案及建议。物流中心储配作业任务分解单如图8-1-1所示。

【知识学习】如何理清纷繁的工序关系

一、什么是网络计划技术

网络计划是指利用网络图的形式把一项任务的有关项目有机地组成一个整体，合理地安排人力、物力、财力等资源，以求多快好省地完成任务的一种计划管理方法。

网络计划方法起源于美国，是项目计划管理的重要方法。20世纪60年代初期，著名科学家华罗庚、钱学森相继将网络计划技术方法引入我国。

（一）网络计划原理

网络计划技术基本核心就是通过编制和调整计划任务中各项活动相互间逻辑关系，

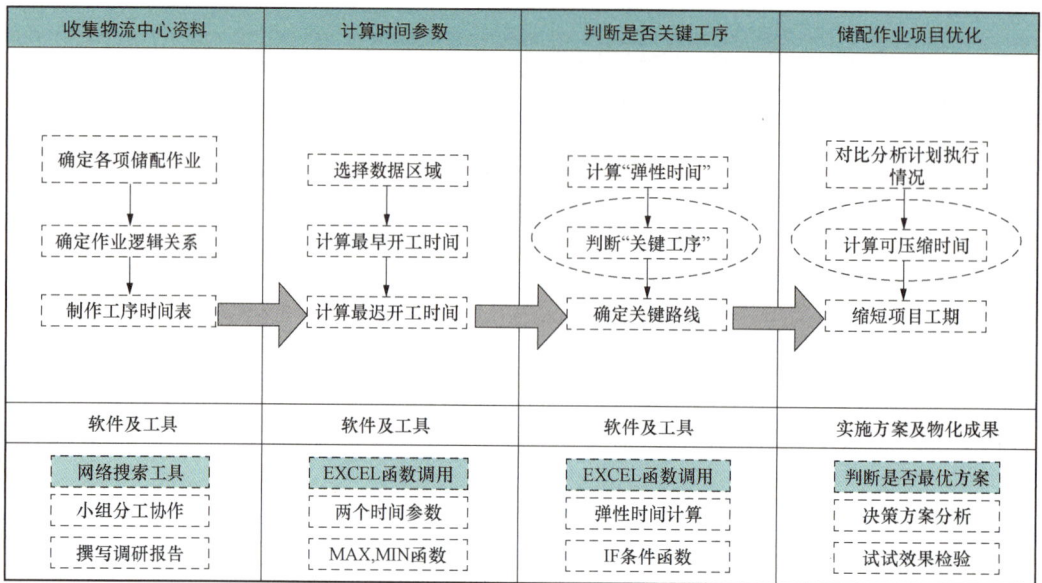

收集物流中心资料	计算时间参数	判断是否关键工序	储配作业项目优化
确定各项储配作业 ↓ 确定作业逻辑关系 ↓ 制作工序时间表	选择数据区域 ↓ 计算最早开工时间 ↓ 计算最迟开工时间	计算"弹性时间" ↓ 判断"关键工序" ↓ 确定关键路线	对比分析计划执行情况 ↓ 计算可压缩时间 ↓ 缩短项目工期
软件及工具	软件及工具	软件及工具	实施方案及物化成果
网络搜索工具 小组分工协作 撰写调研报告	EXCEL函数调用 两个时间参数 MAX,MIN函数	EXCEL函数调用 弹性时间计算 IF条件函数	判断是否最优方案 决策方案分析 试试效果检验

图 8-1-1　物流中心储配作业任务分解单

进而帮助人们分析工序活动规律，揭示任务内在矛盾，抓住关键，并用科学的方法调整计划安排，找出最好的计划方案。

所以总体来说，网络计划技术是一种科学的管理方法。在大型的工程项目开发中，我们可以通过网络图的形式对整个系统进行全面规划，并根据不同项目的轻重缓急进行协调，使系统对资源（人力、物力、财力）进行合理的安排，有效地加以利用，达到以最少的时间和资源消耗来完成整个系统的预定计划目标、取得最好的经济效益。

网络计划技术包括以下基本内容：

1. 网络图

网络图是指网络计划技术的图解模型，反映整个工程任务的分解和合成。分解，是指对工程任务的划分；合成，是指解决各项工作的协作与配合。绘制网络图是网络计划技术的基础工作。常见的网络图有两种类型：

（1）双代号网络图：两个圆圈与一个箭线表示一项工作的网状图。

（2）单代号网络图：一个圆圈表示一项工作，箭线表示顺序的网状图。

2. 时间参数

时间参数包括：各项工作的作业时间、开工与完工的时间、工作之间的衔接时间、完成任务的机动时间及工程范围和总工期等。

3. 关键路线

通过计算网络图中的时间参数，求出工程工期并找出关键路径。在关键路线上的作业称为关键作业，这些作业完成的快慢直接影响着整个计划的工期。在计划执行过程中关键作业是管理的重点，在时间和费用方面则要严格控制。

4. 网络优化

网络优化，是指根据关键路线法，通过利用时差，不断改善网络计划的初始方案，在满足一定的约束条件下，寻求管理目标达到最优化的计划方案。网络优化是网络计划技术的主要内容之一，也是较之其他计划方法优越的主要方面。

（二）网络计划技术应用步骤

1. 将整个项目划分为基本的工作单元——工序

一个工程项目是由许多工序也称为作业组成的，在绘制网络图前就要将工程项目分解成各项作业。作业项目划分的粗细程度视工程内容以及不同单位要求而定。

2. 确定工序的逻辑顺序（紧前工序和紧后工序）

根据作业时间明细表，可绘制网络图。网络图的绘制方法有顺推法和逆推法。

顺推法：即从始点时间开始根据每项作业的直接紧后作业，顺序依次绘出各项作业的箭线，直至终点事件为止。

3. 绘制网络图

4. 计算网络时间，确定关键路线

根据网络图和各项活动的作业时间，就可以计算出全部网络时间和时差，并确定关键线路。

5. 进行网络计划方案的优化

找出关键路径，也就初步确定了完成整个计划任务所需要的工期。

6. 网络计划的贯彻执行

编制网络计划仅仅是计划工作的开始。计划工作不仅要正确地编制计划，更重要的是组织计划的实施。网络计划的贯彻执行，要发动群众讨论计划，加强生产管理工作，采取切实有效的措施，保证计划任务的完成。

二、 网络计划的关键概念

（一）工序（过程、工作、活动）

工序指可以独立存在，需要消耗一定时间和资源，能够拟定名称的活动；或只表示某些活动之间的相互依赖、相互制约的关系，而不需要消耗时间、空间和资源的活动。

1. 工序分类

（1）需要消耗时间和资源的工作。

（2）只消耗时间而不消耗资源的工作。

（3）不需要消耗时间和资源、不占有空间的工作。

2. 工序的表示方法

（1）实工序：它是由两个带有编号的圆圈和一个箭杆组成，如图8-1-2所示。

（2）虚工序：它是由两个带有编号的圆圈和一个虚箭杆组成，如图8-1-3所示。

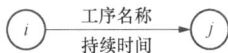

图8-1-2　实工序　　　　图8-1-3　虚工序

（二）节点

节点是指网络图的箭杆进入或引出处带有编号的圆圈。它表示其前面若干项工序的结束或表示其后面若干项工序的开始。

1. 节点的特点

（1）它不消耗时间和资源。

（2）它标志着工作的结束或开始的瞬间。

（3）两个节点编号表示一项工作。

2. 节点种类

i 在 $i-j$ 工作中表示起始节点，j 表示工作的结束。J 表示 $j-k$ 工作中的起始节点，k 表示 $j-k$ 工作中的结束节点。节点种类如图 8-1-4 所示。

3. 节点与工序的关系

一个节点即是紧前工序的结束节点，又是紧后工序的开始节点。节点与工序关系如图 8-1-5 所示。

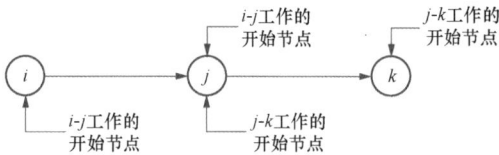

图 8-1-4　节点种类

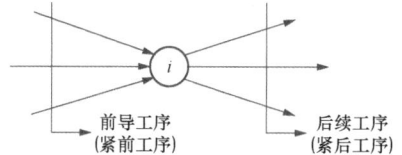

图 8-1-5　节点与工序关系

4. 节点编号

节点编号的目的一是便于网络图时间参数的计算；二是便于检查或别各项工序。

节点编号原则，一不允许重复编号；二箭尾编号必须小于箭头编号。

（三）线路

指网络图中从起点节点开始，沿箭线方向连续通过一系列箭线与节点，最后到达终点节点的通路。线路时间是指线路所包含的各项工序持续时间的总和。也称为该条线路的计划工期。线路分为关键线路及非关键线路。关键线路是指在网络图中线路持续时间最长的线路。

1. 关键线路的 5 个性质

（1）关键线路的线路时间代表整个网络计划的计划总工期。

（2）关键线路上的工作都称为关键工作。

（3）关键线路没有时间储备，关键工作也没有时间储备。

（4）在网络图中关键线路至少有一条。

（5）当管理人员采取某些技术组织措施，缩短关键工作的持续时间就可能使关键线路变为非关键线路。

2. 非关键线路性质

（1）非关键线路的线路时间只代表该条线路的计划工期。

（2）非关键线路上的工作，除了关键工作之外，都称为非关键工作。

（3）非关键线路有时间储备，非关键工作也有时间储备。

（4）在网络图中，除了关键线路之外，其余的都是非关键线路。

（5）当管理人员由于工作疏忽，拖长了某些非关键工作的持续时间，就可能使非关键线路转变为关键线路。

【技能学习】绘制双代号网络图

网络计划图是计划项目的网络模型，是项目工期计算、工序开工时间调整、网络优化的基础，因此网络图绘制对于整个网络计划的编制至关重要。

绘制计划项目的网络图必须遵循绘图规则。

一、绘制网络图的基本规则

（1）网络图中，严禁出现循环回路。循环回路如图8-1-6所示。

（2）在网络图中，只允许有一个起点节点，不允许出现没有前导工作的"尾部"节点。重复起始节点，如图8-1-7所示。

（3）在双目标网络图中，只允许有一个终点节点，不允许出现没有后续工作的"尽头"节点。

（4）在网络图中，不允许出现重复编号的工作。两节点有重复工如图8-1-8所示。

（5）在网络图中，不允许出现没有开始节点的工作。

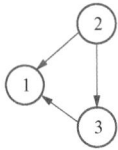

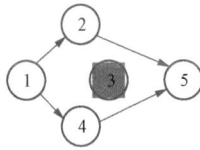

图8-1-6 循环回路　　　图8-1-7 重复起始节点　　　图8-1-8 两节点有重复工

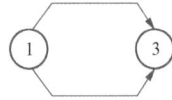

二、网络图的布图技巧

（1）网络图的布局要条理清晰，重点突出。

（2）关键工作、关键线路尽可能布置在中心位置。

（3）密切相关的工作，尽可能相邻布置，尽量减少箭杆交叉。

（4）尽量采用水平箭杆，减少倾斜箭杆。

虚工序在双代号网络图绘制中起着至关重要的作用，科学使用好虚工序，可以优化网络图布局。下面我们以一个案例讲解一下网络图绘制中虚工序的画法。

已知各项工作之间的逻辑关系，工序明细表，见表8-1-2，试绘制双代号网络图。

表8-1-2　　　　　　　　　　　　工 序 明 细 表

工作	A	B	C	D
紧前工作	—	—	A、B	B

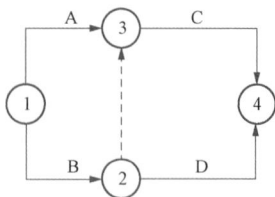

图 8-1-9 双代号网络图

在这个案例中，A、B 为平行工序，且 A、B 起始节点重复，所以为避免两个节点之间有两条箭线出现，所以必须添加一个虚工序，双代号网络图如图 8-1-9 所示。最后给每个节点编号。

【技能学习】计算姊妹花时间参数

网络图时间参数计算的目的在于确定网络图上各项工作和节点的时间参数，为网络计划的优化、调整和执行提供明确的时间概念。时间参数计算的内容包括工作持续时间、工作时间参数、工作总时差。

双代号网络图

一、工作持续时间计算

$$T_{i-j} = \frac{a + 4m + b}{6}$$

三时估算法：a 最快完工时间，b 最迟完工时间，m 最可能完工时间。

二、工作时间参数计算

工作时间参数在网络图上的表示方法：紧前工作开始节点看箭头，紧后工作结束节点看箭尾。

1. 工作最早开始时间 T_{ES} （i，j）

计算规则："顺线累加，逢多取大"。如图 8-1-10 所示，从左向右累加，多个紧前取大，计算最早开始结束。

$$T_{ES}(i,j) = \max\{T_{ES}(k,i) + t_{ki}\}$$

2. 工作最迟开始时间 T_{LS} （i，j）

计算规则："逆线累减，逢多取小"。最迟开工时间图示如图 8-1-11 所示。

$$T_{LS}(i,j) = \min\{T_{LS}(j,k) - t_{ij}\}$$

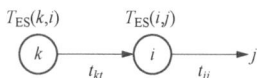

图 8-1-10 最早开工时间图示　　图 8-1-11 最迟开工时间图示

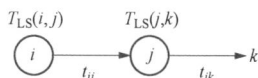

3. 工作总时差

总时差是在不影响总工期的前提下，本工作可以利用的弹性时间。

计算规则：工作总时差等于工作最迟开始时间减最早开始时间。

计算目的：

(1) 找出关键工序与关键线路。

工序总时差为"0"的工序为关键工序。

由关键工序组成的线路为关键线路（至少有一条）。

(2) 优化网络计划使用。

154

利用非关键工序的弹性时间将各线路上的时差再分配。

【知识学习】网络计划问题优化求解

实验名称：图与网络分析问题的 Excel 建模求解。

实验目的：掌握在 Excel 中建模求解图与网络分析问题的方法。

实验内容：网络计划图的关键路径法。

问题描述：某工程各项工作间的逻辑关系，工序明细表见表 8-1-3，试绘制双代号网络图。

表 8-1-3   工 序 明 细 表

紧前工序	工序	持续时间（天）
	A	8
A	B	20
B	C	10
C	D	60
D	E	13
D	F	15
D	G	20
E、F、G	H	30

第一步：计算最早开工期。B 工序最早开工期，H 工序最早开工期分别如图 8-1-12、图 8-1-13 所示。

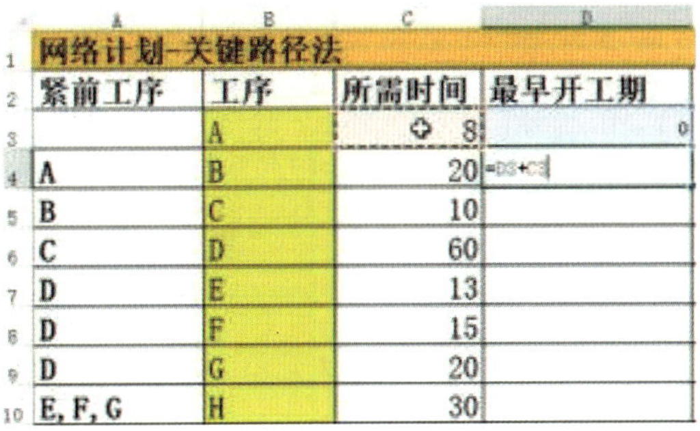

图 8-1-12   B 工序最早开工期

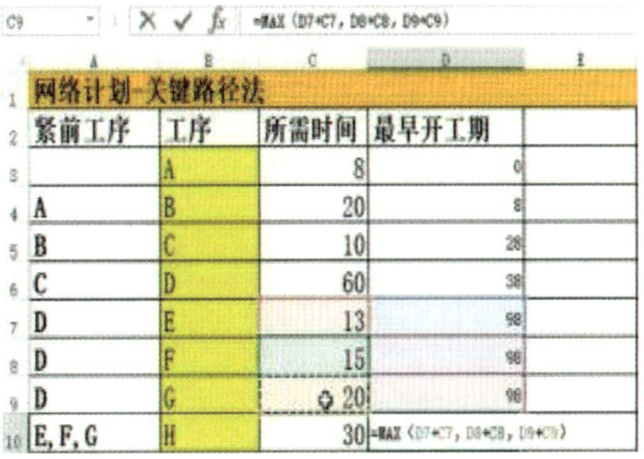

图 8-1-13   H 工序最早开工期

第二步：计算最迟开工期。H 工序的最迟开工期、A 工序的最迟开工期分别如图 8-1-14、图 8-1-15 所示。

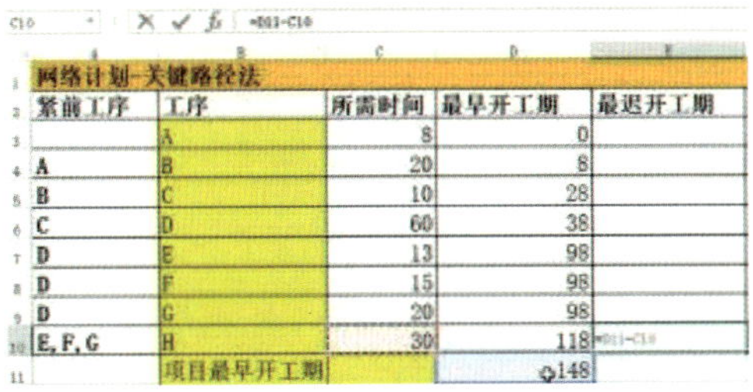

图 8-1-14   H 工序的最迟开工期

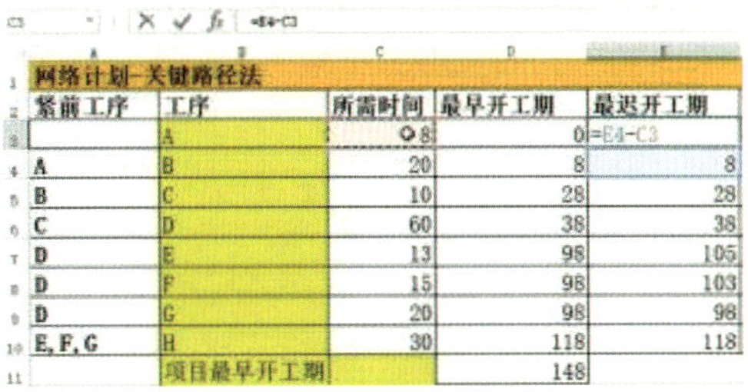

图 8-1-15   A 工序的最迟开工期

第三步：计算时间差，如图 8-1-16 所示。

第四步：判断是否关键工序。IF 条件语句公式如图 8-1-17、图 8-1-18 所示。

D2 | =E2-D2

紧前工序	工序	所需时间	最早开工期	最迟开工期	时间差
	A	8	0	0	=E2-D2
A	B	20	8	8	
B	C	10	28	28	
C	D	60	38	38	
D	E	13	98	105	
D	F	15	98	103	
D	G	20	98	98	
E,F,G	H	30	118	118	
	项目最早开工期		148		

G2 |

紧前工序	工序	所需时间	最早开工期	最迟开工期	时间差
	A	8	0	0	0
A	B	20	8	8	0
B	C	10	28	28	0
C	D	60	38	38	0
D	E	13	98	105	7
D	F	15	98	103	5
D	G	20	98	98	0
E,F,G	H	30	118	118	0
	项目最早开工期		148		

图 8-1-16　计算时间差

SUM | =IF(F3=0,"Y","N")

紧前工序	工序	所需时间	最早开工期	最迟开工期	时间差	关键工序
	A	8	0	0	0	=IF(F3=0,"Y","N")
A	B	20	8	8	0	
B	C	10	28	28	0	
C	D	60	38	38	0	
D	E	13	98	105	7	
D	F	15	98	103	5	
D	G	20	98	98	0	
E,F,G	H	30	118	118	0	
	项目最早开工期		148			

图 8-1-17　IF 语句（一）

紧前工序	工序	所需时间	最早开工期	最迟开工期	时间差	关键工序
	A	8	0	0	0	Y
A	B	20	8	8	0	Y
B	C	10	28	28	0	Y
C	D	60	38	38	0	Y
D	E	13	98	105	7	N
D	F	15	98	103	5	N
D	G	20	98	98	0	Y
E,F,G	H	30	118	118	0	Y
	项目最早开工期		148			

图 8-1-18　IF 语句（二）

第五步：最优关键路线，如图 8 - 1 - 19 所示。

图 8 - 1 - 19　最优关键路线

关键路线法　　　计算最早开工时间　　　计算最迟开工时间

任务实施

步骤一：实析任务真调研。

请同学们秉承求真务实的态度针对应急物资保供任务实施现状进行调研，可选取一家企业或多家企业完成调研任务。重点从项目意义、项目实施方式和手段、项目实施平台等以下三个方面进行调研，物流中心储配作业任务调研表见表 8 - 1 - 4。

表 8 - 1 - 4　　　　　　　　物流中心储配作业任务调研表

调研内容	调研方法	撰写报告
储配作业项目管理意义		
储配作业项目管理优化 实施方法及手段		课前自主完成
企业储配作业项目管理平台		

步骤二：学思践悟定模型。

157

数学建模过程是重点也是难点，在学习中多思考，在实践练习中领悟数学建模的原理。本步骤中需严谨审慎思考引导问题，讨论本任务项目管理三要素：工序关系，时间参数，关键工序。

引导问题 1：此任务中有几道工序？

引导问题 2：此任务中有几道平行工序？

引导问题 3：此任务中需要几道虚工序？

第一步：计算最早开工期。A2 工序最早开工时间，如图 8-1-20 所示。

B1 工序最早开工时间，如图 8-1-21 所示。

工序	紧前工序	所需时间	最早开工时间	最晚开工时间	关键工序
A1		30	0		
A2	A1	25	=D2＋C2		
A3	A2	20			
A4	A3	15			
B1	A2,A3,A4	30			
B2	B1	40			
B3	B2	30			
B4	B2	20			
B5	B2	20			
C1	B3,B4,B5	15			
C2	C1	30			
C3	C1	20			
C4	C1	15			
D1	C2,C3,C4	10			
D2	C2,C3,C4	10			
D3	C2,C3,C4	10			
D4	D1,D2,D3	60			
E1	D4	0			

图 8-1-20　A2 工序最早开工时间

工序	紧前工序	所需时间	最早开工时间	最晚开工时间	关键工序
A1		30	0		
A2	A1	25	30		
A3	A2	20	55		
A4	A3	15	75		
B1	A2,A3,A4	30	=MAX（D3＋C3，D4＋C4，D5＋C5）		
B2	B1	40			
B3	B2	30			
B4	B2	20			
B5	B2	20			
C1	B3,B4,B5	15			
C2	C1	30			
C3	C1	20			
C4	C1	15			
D1	C2,C3,C4	10			
D2	C2,C3,C4	10			
D3	C2,C3,C4	10			
D4	D1,D2,D3	60			
E1	D4	0			

图 8-1-21　B1 工序最早开工时间

第二步：计算最迟开工期。D4 工序最迟开工时间，如图 8-1-22 所示。

工序	紧前工序	所需时间	最早开工时间	最晚开工时间	关键工序
A1		30	0		
A2	A1	25	30		
A3	A2	20	55		
A4	A3	15	75		
B1	A2,A3,A4	30	90		
B2	B1	40	120		
B3	B2	30	160		
B4	B2	20	160		
B5	B2	20	160		
C1	B3,B4,B5	15	190		
C2	C1	30	205		
C3	C1	20	205		
C4	C1	15	205		
D1	C2,C3,C4	10	235		
D2	C2,C3,C4	10	235		
D3	C2,C3,C4	10	235		
D4	D1,D2,D3	60	245	=E19-C18	
E1	D4	0	305	305	

图 8-1-22　D4 工序最迟开工时间

C4 工序最迟开工时间，如图 8-1-23 所示。

第三步：计算工序时间差，如图 8-1-24 所示。

工序	紧前工序	所需时间	最早开工时间	最晚开工时间	关键工序
A1		30	0		
A2	A1	25	30		
A3	A2	20	55		
A4	A3	15	75		
B1	A2,A3,A4	30	90		
B2	B1	40	120		
B3	B2	30	160		
B4	B2	20	160		
B5	B2	20	160		
C1	B3,B4,B5	15	190		
C2	C1	30	205		
C3	C1	20	205		
C4	C1	15	205	=MIN(E15:E17)-C14	
D1	C2,C3,C4	10	235	235	
D2	C2,C3,C4	10	235	235	
D3	C2,C3,C4	10	235	235	
D4	D1,D2,D3	60	245	245	
E1	D4	0	305	305	

图 8-1-23　C4 工序最迟开工时间

工序	紧前工序	所需时间	最早开工时间	最晚开工时间	关键工序
A1		30	0	0	=IF(D2-E2=0,"关键","非关键")
A2	A1	25	30	30	IF(测试条件, 真值, [假值])
A3	A2	20	55	55	
A4	A3	15	75	75	
B1	A2,A3,A4	30	90	90	
B2	B1	40	120	120	
B3	B2	30	160	160	
B4	B2	20	160	170	
B5	B2	20	160	170	
C1	B3,B4,B5	15	190	190	
C2	C1	30	205	205	
C3	C1	20	205	215	
C4	C1	15	205	220	
D1	C2,C3,C4	10	235	235	
D2	C2,C3,C4	10	235	235	
D3	C2,C3,C4	10	235	235	
D4	D1,D2,D3	60	245	245	
E1	D4	0	305	305	

图 8 - 1 - 24 工序时间差

第四步：关键工序判断，如图 8 - 1 - 25 所示。

工序	紧前工序	所需时间	最早开工时间	最晚开工时间	关键工序
A1		30	0	0	关键
A2	A1	25	30	30	关键
A3	A2	20	55	55	关键
A4	A3	15	75	75	关键
B1	A2,A3,A4	30	90	90	关键
B2	B1	40	120	120	关键
B3	B2	30	160	160	关键
B4	B2	20	160	170	非关键
B5	B2	20	160	170	非关键
C1	B3,B4,B5	15	190	190	关键
C2	C1	30	205	205	关键
C3	C1	20	205	215	非关键
C4	C1	15	205	220	非关键
D1	C2,C3,C4	10	235	235	关键
D2	C2,C3,C4	10	235	235	关键
D3	C2,C3,C4	10	235	235	关键
D4	D1,D2,D3	60	245	245	关键
E1	D4	0	305	305	关键

图 8 - 1 - 25 关键工序判断

第五步：最优关键路线，如图 8 - 1 - 26 所示。

工序	紧前工序	所需时间	最早开工时间	最晚开工时间	关键工序
A1		30	0	0	关键
A2	A1	25	30	30	关键
A3	A2	20	55	55	关键
A4	A3	15	75	75	关键
B1	A2,A3,A4	30	90	90	关键
B2	B1	40	120	120	关键
B3	B2	30	160	160	关键
B4	B2	20	160	170	非关键
B5	B2	20	160	170	非关键
C1	B3,B4,B5	15	190	190	关键
C2	C1	30	205	205	关键
C3	C1	20	205	215	非关键
C4	C1	15	205	220	非关键
D1	C2,C3,C4	10	235	235	关键
D2	C2,C3,C4	10	235	235	关键
D3	C2,C3,C4	10	235	235	关键
D4	D1,D2,D3	60	245	245	关键
E1	D4	0	305	305	关键

关键路线 A1-A2-A3-A4-B1-B2-B3-C1-C2-D1-D2-D3-D4

图 8-1-26　最优关键路线

关键路线：A1 - A2 - A3 - A4 - B1 - B2 - B3 - C1 - C2 - D1 - D2 - D3 -D4

步骤三：践行方案育匠心。

决策方案单一可能会带来不稳妥的决策结论，以及不可靠或不科学的问题。请同学们践行守正创新、不断钉钉子的求学精神，针对储配作业项目管理，撰写任务决策方案物流中心储配作业任务决策分析表，见表8-1-5。

物流储配中心
项目管理

表 8-1-5　　　　　　　　　物流中心储配作业任务决策分析表

工作内容	工作步骤	完成要求
储配作业项目管理 任务仿真操作	(1) 可行方案实施 (2) 最优解方案实施	撰写任务决策方案
储配作业项目管理 优化建议	(1) 节约成本方面 (2) 低碳环保 (3) 提升物流服务水平	

任务评价

任务评价的重要性，任务实现的关键在于决策变量定义、数据分析准确度；任务执行效率高的关键在于 EXCEL 中函数调用、数据强制引用的操作技巧。请对照任务标准进行评分，完成物流中心储配作业任务检查记录工作单，见表8-1-6。

表 8-1-6　　　　　　　　　　物流中心储配作业任务检查记录工作单

检查项目	评分标准	任务标准	评分
模型检查 （20分）	（1）决策变量（10分） （2）目标函数（5分） （3）约束条件（5分）		
计算步骤 （40分）	（1）建立数学模型（10分） （2）可行解求解正确（20分） （3）最优解求解正确（10分）		
EXCEL 数据分析 （20分）	（1）模型数据录入准确（5分） （2）决策变量单元格定义准确（5分） （3）约束条件及目标函数公式准确（10分）		
规划求解参数完整且准确 （20分）	（1）目标值（最大或最小）选择（5分） （2）准确且完整添加约束条件（5分） （3）选择单纯线性规划（10分）		

　　根据执行任务中出现的问题，精心提炼并记录易错点及改进要点，填入物流中心储配作业任务易错点总结，见表 8-1-7。为进一步地学习积累经验，小组负责人签字。

表 8-1-7　　　　　　　　　　物流中心储配作业任务易错点总结

工作分工	工作内容	工作步骤	易错点总结	改进要点
小组名称	建立数学建模	（1）定义决策变量 （2）定义目标函数 （3）定义约束条件		
	EXCEL 数据分析	（1）决策变量单元格 （2）约束条件 （3）目标函数		
	最优方案分析	（1）可行解 （2）最优解		

　　按照数学建模、数据分析和职业素养进行检查，在考核评价表格中进行记录、评分。评分采取扣分制，每项扣完为止。物流中心储配作业任务考核评价表，见表 8-1-8。

表 8-1-8　　　　　　　　　物流中心储配作业任务考核评价表

项目名称	评价内容	分值	评价分数		
			自评	互评	师评
职业素养考核项目 40%	穿戴规范、整洁	6分			
	安全意识、责任意识、节约意识	6分			
	积极参加教学活动，按时完成学生工作活页	10分			
	团队合作、与人交流能力	6分			
	劳动纪律	6分			
	生产现场管理7S标准	6分			
专业能力考核项目60%	数学建模	20分			
	数据分析	30分			
	优化决策	10分			
总分					
总评	自评（20%）＋互评（20%）＋师评（60%）	综合等级	教师（签名）：		

🌱 素养成长园地

曹操书信胜东吴

走进网络计划
奠基人-华罗庚

　　你在生活中用过统筹方法吗？华罗庚先生提出的统筹方法其实很简单，就以烧水泡茶为例，先洗水壶再洗茶壶，茶杯拿茶叶，然后烧水再泡茶，这样需要花费20分钟，先洗水壶，然后烧水，然后拿茶叶洗茶壶洗茶杯，最后泡茶这样花费的时间也是20分钟，最优的方法是先洗水壶，然后烧水，在烧水的时候可以洗茶壶、洗茶杯、拿茶叶，这样做完以后只要等待水烧开就好。这样只需花费16分钟。时间就是财富，只有进行合理的统筹安排，才能节省时间，提升效率。

　　配送中心的基本作业流程大致如下：接收客户订单 - 订单审核 - 仓库拣货 - 委派车辆 - 委派驾驶员 - 装车 - 送货。请你观察，哪些作业流程是可以同时进行的呢？

　　华罗庚先生教给我们的另一个适用于实践中的数学知识是优选法，优选法是华罗庚根据黄金分割法发明的一种可以尽可能减少实验次数，尽快地找到最优方案的方法。黄金分割是一种数学上的比例关系，其比值约等于0.618，具有严格的比例性和谐性，蕴

藏着丰富的美学价值。华罗庚优选法中的 0.618 法可以将黄金分割广泛应用，比如在物流运输作业中，每月运输业务量预估在 1 吨公里至 1000 吨公里之间，我们可以用一个刻度的纸条来表示 1000 千米，在纸条上找到 618，即一天乘以 0.618 千公里的点画一条竖线，做一次实验，然后把纸条对折起来，找到 618 的对称点 382 即约 618×0.618 千公里处再做一次实验。如果 382 千公里为最好，则把 618 以外的纸条裁掉，然后再对折，找到 382 的对称点，约 236，即 382×0.618 处做实验，这样循环往复就可以找到最佳的数值。

怎么样？华罗庚先生的统筹法和优选法是不是给你的日常生活工作带来了一些启示呢？

任务二　电力应急物资保供任务优化与实施

☆ 职业技能目标

通过训练，使学生能够完成电力应急物资保供任务的数据分析、规划求解、决策方案分析等任务，培养学生敢于打破常规，独辟蹊径的逆向思维，分清主次矛盾的智慧，使学生能够具有独立完成企业复杂项目管理的能力，达到为企业制定最优项目管理方案的工作职责目标。

✍ 任务情境

电力应急物资的管理和调配是电力供应的重要组成部分，在电力应急救援的过程中，物资的来源通常具有分散性以及随机性的特点。这就需要对电力应急物资的调配进行合理的规划，能够在突发情况出现时，科学地对物资的需求进行合理的分析，及时地制定相应的调配方案，可以将资源进行最优调度进而实现应急供应的时效性。为确保迎峰度夏、抗旱防汛等保供电期间应急物资准备充足，复兴速达递物流公司接到了一项电力应急物资保供任务，要求制定电力物资供应应急预案，并制定保供优化方案。

⚡ 任务描述

复兴速达物流公司接到了一项电力应急物资保供任务，物流项目管理员首先制定电力物资供应应急预案，电力物资供应应急预案时间表，见表 8 - 2 - 1。

表 8 - 2 - 1　　　　　　　　电力物资供应应急预案时间表

序号	电力物资应急调度	应急任务	工序	紧前工序	持续时间（h）
1	启动应急预案	物资信息收集	A	—	1
2		存货查询	B	A	0.5
3	应急资源配货	拣货	C	B	1
4		清点数量	D	B	0.3

164

序号	电力物资应急调度	应急任务	工序	紧前工序	持续时间（h）
5	车辆调度	派遣车辆	E	C，D	0.3
6		派遣司机	F	C，D	0.3
7		装车	G	C，D	1
8	缺货资源调配	确定调拨地	H	B	0.5
9		确定调拨数量	I	B	0.5
10	判断路况信息	确定送货路线	J	G，H，I	0.5
11	受灾地接收	确定卸货地点	K	J	0.5
12		验收物资	L	K	1

🧪 任务分解

本项任务共分 4 个部分完成，一是针对应急物资保供项目管理进行调研，分析不合理的工序安排带来的资源浪费，可分为制定调研方案，采用文献调研法、实地调研法等实施调研，最后撰写调研报告；二是针对实际任务利用 EXCEL 计算时间参数；三是明确关键工序，确定关键路线，优化工作任务；四是项目决策方案分析，首先对可行方案进行对比分析，然后结合企业实际情况选择最优方案，并在系统进行虚拟仿真操作，最后给出决策方案及建议。应急物资保供任务分解单如图 8-2-1 所示。

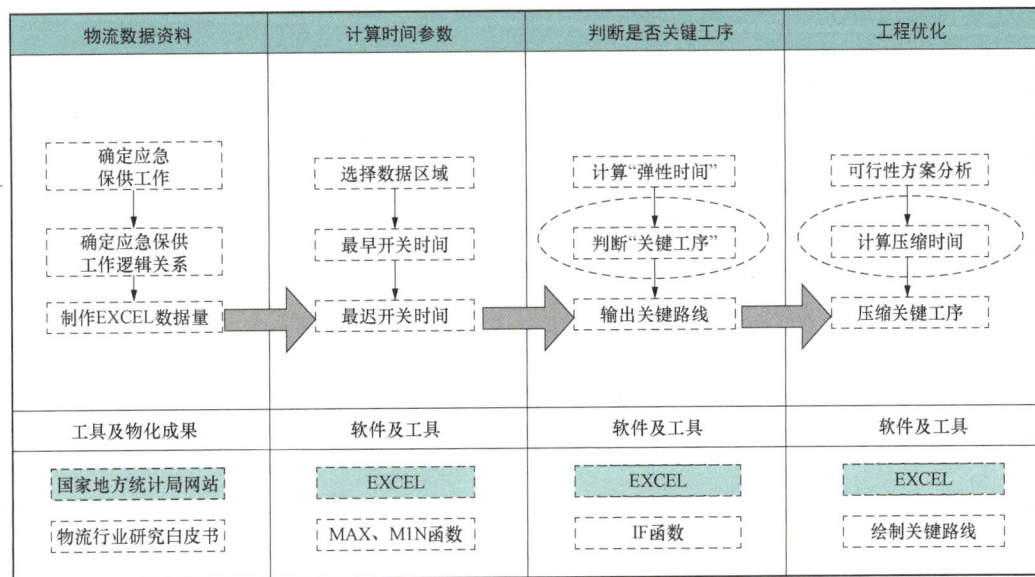

图 8-2-1　应急物资保供任务分解单

🔧 任务实施

步骤一：实析任务真调研。

请同学们秉承求真务实的态度针对应急物资保供任务实施现状进行调研，可选取一家企业或多家企业完成调研任务。重点从项目意义、项目实施方式和手段、项目实施平台等以下三个方面进行调研，应急物资保供任务调研表见表 8-2-2。

表 8-2-2　　应急物资保供任务调研表

调研内容	调研方法	撰写报告
应急物资保供任务意义		课前自主完成
应急物资保供任务实施方法及手段		
应急物资保供任务实施平台		

步骤二：学思践悟定模型。

数学建模过程是重点也是难点，在学习中多思考，在实践练习中领悟数学建模的原理。本步骤中需严谨审慎思考引导问题，讨论本任务项目管理三要素：工序关系，时间参数，关键工序。

引导问题 1：此任务中有几道工序？

引导问题 2：此任务中有几道平行工序？

引导问题 3：此任务中需要几道虚工序？

第一步：计算最早开工期，如图 8-2-2 所示。

第二步：计算最迟开工期，如图 8-2-3 所示。

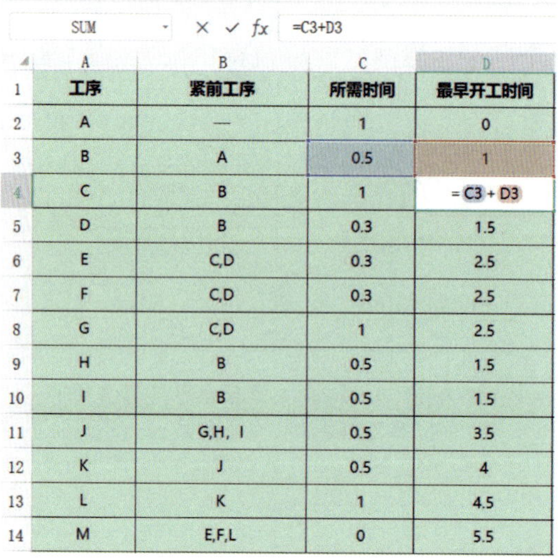
SUM　=C3+D3

	A	B	C	D
1	工序	紧前工序	所需时间	最早开工时间
2	A	—	1	0
3	B	A	0.5	1
4	C	B	1	=C3+D3
5	D	B	0.3	1.5
6	E	C,D	0.3	2.5
7	F	C,D	0.3	2.5
8	G	C,D	1	2.5
9	H	B	0.5	1.5
10	I	B	0.5	1.5
11	J	G,H，I	0.5	3.5
12	K	J	0.5	4
13	L	K	1	4.5
14	M	E,F,L	0	5.5

图 8-2-2　计算最早开工期

第三步：计算时间差，判断是否关键工序，如图8-2-4所示。

	A	B	C	D	E
SUM			fx	=MIN(E6,E7,E8)-C5	
	工序	紧前工序	所需时间	最早开工时间	最晚开工时间
2	A	—	1	0	0
3	B	A	0.5	1	1
4	C	B	1	1.5	1.5
5	D	B	0.3	1.5	=MIN(E6,E7,E8)-C5
6	E	C,D	0.3	2.5	
7	F	C,D	0.3	2.5	5.2
8	G	C,D	1	2.5	2.5
9	H	B	0.5	1.5	3
10	I	B	0.5	1.5	3
11	J	G,H,I	0.5	3.5	3.5
12	K	J	0.5	4	4
13	L	K	1	4.5	4.5
14	M	E,F,L	0	5.5	5.5

图8-2-3 计算最迟开工期

	A	B	C	D	E	F
SUM			fx	=IF(E5-D5=0,"关键","非关键")		
	工序	紧前工序	所需时间	最早开工时间	最晚开工时间	关键工序
2	A	—	1	0	0	关键
3	B	A	0.5	1	1	关键
4	C	B	1	1.5	1.5	关键
5	D	B	0.3	1.5	2.2	=IF(E5-D5=0,"关键","非关键")
6	E	C,D	0.3	2.5	5.2	非关键
7	F	C,D	0.3	2.5	5.2	非关键
8	G	C,D	1	2.5	2.5	关键
9	H	B	0.5	1.5	3	非关键
10	I	B	0.5	1.5	3	非关键
11	J	G,H,I	0.5	3.5	3.5	关键
12	K	J	0.5	4	4	关键
13	L	K	1	4.5	4.5	关键
14	M	E,F,L	0	5.5	5.5	关键

图8-2-4 判断是否关键工序

第四步：最优关键路线，见图8-2-5。

	A	B	C	D	E	F
I11			fx			
1	工序	紧前工序	所需时间	最早开工时间	最晚开工时间	关键工序
2	A	—	1	0	0	关键
3	B	A	0.5	1	1	关键
4	C	B	1	1.5	1.5	关键
5	D	B	0.3	1.5	2.2	非关键
6	E	C,D	0.3	2.5	5.2	非关键
7	F	C,D	0.3	2.5	5.2	非关键
8	G	C,D	1	2.5	2.5	关键
9	H	B	0.5	1.5	3	非关键
10	I	B	0.5	1.5	3	非关键
11	J	G,H,I	0.5	3.5	3.5	关键
12	K	J	0.5	4	4	关键
13	L	K	1	4.5	4.5	关键
14	M	E,F,L	0	5.5	5.5	关键
15	关键路线			A-B-C-G-J-K-L		

图8-2-5 最优关键路线

步骤三：践行方案育匠心。

决策方案单一可能会带来不稳妥的决策结论，以及不可靠或不科学的问题。请同学们践行守正创新、不断钉钉子的求学精神，针对电力应急物资配送，撰写任务决策方案应急物资保供任务决策分析表见表8-2-3。

表8-2-3 应急物资保供任务决策分析表

工作内容	工作步骤	完成要求
应急保供任务 任务仿真操作	（1）可行方案实施 （2）最优解方案实施	撰写任务决策方案
应急保供任务 任务优化建议	（1）节约成本方面 （2）低碳环保 （3）避免应急保供任务不平衡	

任务评价

任务评价的重要性，任务实现的关键在于决策变量定义、数据分析准确度；任务执行效率高的关键在于 EXCEL 中函数调用、数据强制引用的操作技巧。请对照任务标准进行评分，完成应急物资保供任务检查记录工作单，见表8-2-4。

表8-2-4 应急物资保供任务检查记录工作单

检查项目	评分标准	任务标准	评分
模型检查 （20分）	（1）决策变量（10分） （2）目标函数（5分） （3）约束条件（5分）		
计算步骤 （40分）	（1）建立数学模型（10分） （2）可行解求解正确（20分） （3）最优解求解正确（10分）		
EXCEL 数据分析 （20分）	（1）模型数据录入准确（5分） （2）决策变量单元格定义准确（5分） （3）约束条件及目标函数公式准确（10分）		

检查项目	评分标准	任务标准	评分
规划求解参数完整且准确（20分）	（1）目标值（最大或最小）选择（5分） （2）准确且完整添加约束条件（5分） （3）选择单纯线性规划（10分）		

根据执行任务中出现的问题，精心提炼并记录易错点及改进要点，填入应急物资保供任务易错点总结，见表8-2-5。为进一步的学习积累经验，小组负责人签字。

表8-2-5　　　　　　　　　应急物资保供任务易错点总结

工作分工	工作内容	工作步骤	易错点总结	改进要点
小组名称	建立数学建模	（1）定义决策变量 （2）定义目标函数 （3）定义约束条件		
	EXCEL数据分析	（1）决策变量单元格 （2）约束条件 （3）目标函数		
	最优方案分析	（1）可行解 （2）最优解		

按照数学建模、数据分析和职业素养进行检查，在考核评价表格中进行记录、评分。评分采取扣分制，每项扣完为止。应急物资保供任务考核评价表，见表8-2-6。

表8-2-6　　　　　　　　　应急物资保供任务考核评价表

项目名称	评价内容	分值	评价分数		
			自评	互评	师评
职业素养考核项目40%	穿戴规范、整洁	6分			
	安全意识、责任意识、节约意识	6分			
	积极参加教学活动，按时完成学生工作活页	10分			
	团队合作、与人交流能力	6分			
	劳动纪律	6分			
	生产现场管理7S标准	6分			

项目名称	评价内容	分值	评价分数		
			自评	互评	师评
专业能力考核项目60%	数学建模	20分			
	数据分析	30分			
	优化决策	10分			
总分					
总评	自评（20%）＋互评（20%）＋师评（60%）	综合等级	教师（签名）：		

🌱 **素养成长园地**

走进跨界数学家-欧拉

国家电网公司发布《绿色现代数智供应链发展行动方案》

被誉为"世界第七大奇迹"的港珠澳大桥，连接香港、珠海、澳门，全长55千米，由跨海桥梁和海底隧道组成，是目前世界上最长的跨海大桥。大桥建成后，可将香港到珠海的交通时间由现实水路1小时以上、陆路3小时以上，缩短至30分钟以内，从而形成粤港澳三地"一小时经济生活圈"。而这55千米连接的不仅是粤港澳三地，未来因它而形成的56 000平方千米区域，粤港澳大湾区将是继东京湾区、纽约湾区、旧金山湾区之后，世界经济版图上又一个闪耀的经济增长极。

解析港珠澳大桥项目管理

建造之初，港珠澳大桥建设者就提出了"建设世界级跨海通道，为用户提供优质服务，成为地标性建筑"的目标。但是，港珠澳大桥整体项目的建造难度大，不仅涉及桥梁、人工岛、海底隧道，还涉及多个区域政府部门等多方工作协调。

在施工前，大桥管理局对项目质量管理做了系统规划，管理人员说道，"当时确定了一个核心，要借鉴汽车制造业工业的制造方式，来做土木工程。基于此我们有一整套质量管理体系的文件，建设过程中的大型化、工厂化、标准化、装配化、信息化等都是保障措施。"

而且，大桥的修建不仅借鉴了本行业先进经验，还汲取了其他行业好的做法，例如制造业的质量管理，石化行业的安全环保、职业健康管理，核电行业的信息管理等。完成这座建设条件复杂、建设标准要求高、技术覆盖面广、设计专业多的世界级交通集群项目，应对工程技术和海上安全的挑战只是港珠澳大桥建设面临的一部分考验，粤港澳三地共建项目带来的建设管理上的挑战，也需要各方的协调解决，这就需要强大科学有效的项目管理体系与管理系统，把控全局，推进整个项目的往前推进。

项目九　物流成本预测分析

本项目学习目标

素质目标

（1）树立凡事预则立，不预则废的前瞻思维。

（2）培养历史思维，增强管理预见性。

知识目标

（1）掌握物流预测含义及定性分析方法。

（2）掌握定量分析方法。

技能目标

（1）能够用 Excel 进行预测分析。

（2）能够对企业物流情况进行预测分析。

任务一　用指数平滑法预测分析企业物流成本

职业技能目标

通过训练，使学生能够利用指数平滑法完成企业物流成本的数据分析、降本方案分析等任务，培养学生理解国家"双碳"战略目标，具备降本增效的节约意识，可持续发展理念，使学生能够具有独立完成企业物流成本预测分析的能力，达到为企业制定最优预测分析方案的工作职责目标。

任务描述

复兴速达物流公司 2018 年各月的实际物流成本见表 9-1-1，请用指数平滑法预测该企业 2019 年第一季度各月的物流成本（设平滑系数为 0.3）

表 9-1-1　　　　　　　　　实　际　物　流　成　本　　　　　　（单位：万元）

月份	实际物流成本	月份	实际物流成本
1	102	4	104
2	106	5	102
3	108	6	106

月份	实际物流成本	月份	实际物流成本
7	116	10	122
8	120	11	132
9	130	12	134

请用指数平滑法预测 2019 年物流成本，平滑系数 $α＝0.2$，$α＝0.6$。对比两种不同平滑系数下的预测分析结果。

任务分解

本项任务共分 4 个部分完成，每一部分均包含 3 个步骤。一是针对物流公司物流成本现状进行调研，可分为制定调研方案，采用文献调研法、实地调研法等实施调研，最后撰写调研报告；二是针对实际任务利用指数平滑法进行预测分析，三是用 EXCEL 数据分析工具完成预测分析任务，具体包括录入数学模型相关数据，在 EXCEL 中选择数据分析工具"指数平滑"，生成预测分析结果；四是物流公司物流成本预测方案分析，首先对可行方案进行对比分析，然后结合企业实际情况选择最优方案，最后给出决策方案及建议。物流成本预测分析任务分解单如图 9 - 1 - 1 所示，请参考任务分解单，完成物流成本预测分析方案。

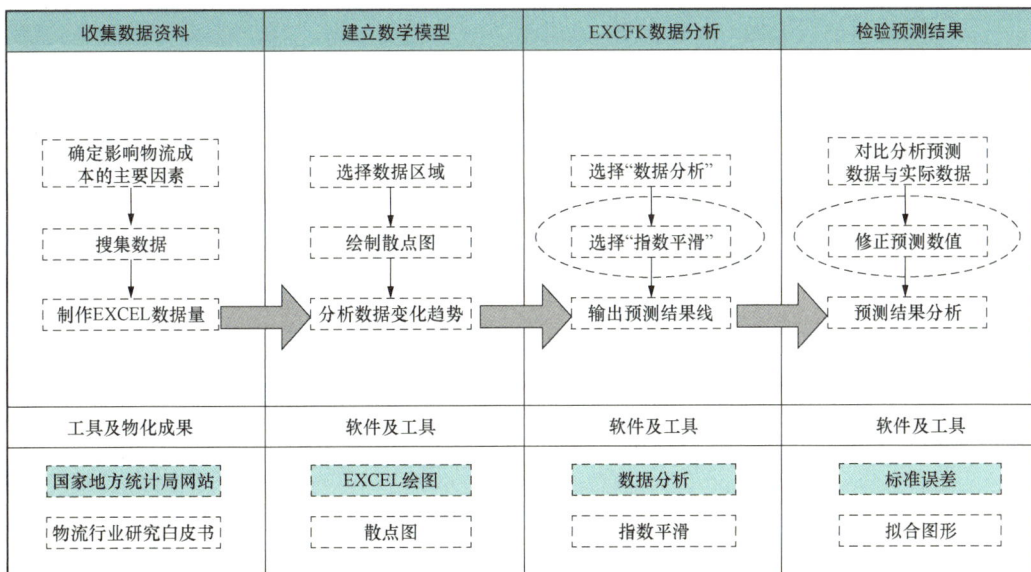

收集数据资料	建立数学模型	EXCFK数据分析	检验预测结果
确定影响物流成本的主要因素	选择数据区域	选择"数据分析"	对比分析预测数据与实际数据
搜集数据	绘制散点图	选择"指数平滑"	修正预测数值
制作EXCEL数据量	分析数据变化趋势	输出预测结果线	预测结果分析
工具及物化成果	软件及工具	软件及工具	软件及工具
国家地方统计局网站	EXCEL绘图	数据分析	标准误差
物流行业研究白皮书	散点图	指数平滑	拟合图形

图 9 - 1 - 1　物流成本预测分析任务分解单

【知识学习】物流预测分析含义

一、 物流成本预测的含义

物流预测是指根据物流系统历史资料、信息数据，结合目前物流技术经济条件、市场经济环境、企业发展目标等内外因素，利用科学的方法对未来物流水平及其变化趋势进行推测和估算。

二、 物流预测的意义

物流系统在空间和时间上范围大，随机因素影响显著，因而具有不确定性、动态性、复杂性的特点。为了作出正确的决策，预测就显得尤为重要。

（1）物流预测是确定物流目标和选择达到物流目标的最佳途径和重要手段。

（2）物流预测是进行物流决策的基础，是编制物流计划的依据。

（3）物流预测有利于加强企业管理和降低物流服务成本，是改善企业经营管理的重要工具。

三、 物流预测的内容

企业的市场需求、企业盈利分析、物流园区规划、配送中心规划、供应链设计、物流系统运营阶段的管理决策等，都离不开科学的预测。具体包括：

（1）预测企业的目标物流发展水平及其实现物流服务目标的可能性。

（2）预测企业提供的物流服务产品的水平及在市场经济中的竞争力。

（3）预测社会宏观经济因素发展变化对企业物流水平的影响。

（4）预测企业内部经营管理中在计划实施过程中的水平。

四、 物流预测的原则

进行物流预测需遵循一定的原则。

1. 系统性原则

把预测对象看成一个系统，物流本身即是一个系统，对于复杂的物流系统，有时要把它进行分解，对分解后的子系统如运输系统、仓储系统、配送系统等进行分别预测，在此基础上再对总的物流系统进行预测。

2. 时间性原则

需要考虑预测时期长短对预测结果的影响。按预测的期限分，预测可以分为长期预测和短期预测。长期预测指对一年以上期间进行的预测，如三年或五年；短期预测指一年以下的预测，如按月、按季或按年。

3. 相关性原则

考虑所选因素与物流系统之间的相关性。在预测目标确定以后，为满足预测工作的要求，必须收集与预测目标有关的资料，所收集到的资料的充足与可靠程度对预测结果的准确度具有重要的影响。

4. 客观性原则

对收集的资料必须进行分析，判断预测所需资料是否完整、准确。首先，要确保资料的针对性，即所收集的资料必须与预期目标的要求相一致。其次，要确保资料的真实性，即所收集的资料必须是从实际中得来的，并加以核实的资料。最后，是确保资料的完整性，资料的完整性直接影响到物流预测工作的进行，所以，必须采取各种方法，以保证得到完整的资料。

5. 适应性原则

在物流预测实施过程中，需要不断对预测结果进行修正。对所得到的资料必须进行分析，如剔除一些随机事件造成的资料不真实性，对不具备可比性的资料通过分析进行调整等，以避免资料本身原因对预测结果带来误差。

五、 物流预测的程序

1. 确定预测对象和目标

进行物流预测，首先要有一个明确的目标。预测的目标又取决于企业对未来的生产经营活动所欲达成的总目标。预测目标确定之后，便可明确物流预测的具体内容。

2. 收集和分析资料

物流指标是一项综合性指标，涉及企业的生产技术、生产组织和经营管理等各个方面。在进行物流预测前，必须尽可能全面地掌握相关的资料，并应注意去粗取精、去伪存真。

3. 提出假设建立模型

在进行预测时，必须对已收集到的有关资料，运用一定的数学方法进行科学的加工处理，建立科学的预测模型，借以揭示有关变量之间的规律性联系。

4. 选择预测方法

这里应当注意预测方法的选择与配合问题。不应把某个预测方法当作对某一个预测问题的最终解决，因为每种预测方法可能适用于某几种预测问题，同时某个预测问题又可能适用几种预测方法。

5. 分析预测误差

每项预测结果有必要与实际结果进行比较，以发现和确定误差大小。所有预测报告都应当定期地、不断地用最新的数据资料去复核，检验所作假设是否可靠。

6. 修正预测结果

由于假设的存在，数学模型往往舍去了一些影响因素或事件，因此要运用定性预测方法对定量预测结果进行修正，以保证预测目标顺利实现。

六、 物流定性预测分析方法

定性分析法是建立在预测者具有丰富实际经验和广泛科学知识的基础上，依靠主观判断和综合分析能力，来推断事物的性质和发展趋势的分析方法。一般来说，在物流预测中常用的定性预测方法有三种：主观判断法、专家判断法和特尔菲法。

1. 主观判断法

主观判断法由本企业熟悉物流业务、对物流行业的未来发展变化趋势比较敏感的领导人、主管人员和业务人员根据其多年的实践经验集思广益，分析各种不同意见并对之进行综合分析评价后所进行的判断预测。

优点：费时不长，耗费较小，运用灵活，并能根据物流行业的变动及时对预测数进行修正。

缺点：企业内部的各有关人员对问题理解的广度和深度却往往受到一定的限制。

2. 专家判断法

专家判断法是由企业面向各有关方面的专家，通过各种形式，进行充分、广泛的调查研究和讨论，然后运用专家科研成果作出最后的预测判断。

优点：专家之间可以相互启发，充分讨论，信息量大，考虑因素全面，所得预测结果较准确。

缺点：容易屈从领导、权威或多数人意见，忽视"小人物"或少数人的正确意见，或会议准备不周，走过场。

3. 特尔菲法

特尔菲法主要是采用通信的方式，通过向见识广、学有专长的各有关专家发出预测问题调查表的方式来搜集和征询专家们的意见，并经过多次反复、综合、整理、归纳各专家的意见以后，作出预测判断。特尔菲法通常包括召开一组专家参加的会议。第一阶段得到的结果总结出来可作为第二阶段预测的基础，通过组中所有专家的判断、观察和期望来进行评价，最后得到共享具有更少偏差的预测结果。

优点：充分民主地收集专家意见，把握市场的特征。在模糊的领域对问题求得一致的判断，费用较低，用途广泛，花费专家时间较短等。

缺点：可靠性不够，难于评价专家们意见的准确程度以及无法考虑意外事件，而且完成预测的时间过长。

【技能学习】指数平滑法

一、 指数平滑法原理

指数平滑法的原理：任一期的指数平滑值都是本期实际观察值与前一期指数平滑值的加权平均。

$$S_t = ay_t + (1-a)S_{t-1}, t = 1, 2, 3, \cdots, n$$

其中 S_t 为 t 时刻的预测值，

Y_t 为 t 时刻的真实值

S_t-1 为 $t-1$ 时刻的预测值

α 为平滑系数，平滑系数与阻尼系数互为相反数

二、 指数平滑法应用

龙门电器公司 2015 年各月的实际物流成本见表 9-1-2，用指数平滑法预测该企业 2016 年第一季度各月的物流成本（万元）。

表 9-1-2　　　　　　　　2015 年物流成本　　　　　　　　（单位：万元）

月份	实际物流成本	月份	实际物流成本
1	102	7	116
2	106	8	120
3	108	9	130
4	104	10	122
5	102	11	132
6	106	12	134

176

指数平滑法计算步骤：

第一步：点击 EXCEL 菜单栏中【工具】菜单下的子菜单【数据分析】；打开"数据分析"对话框；从"分析工具"列表中选择"指数平滑法"，点击【确定】按钮。数据分析如图 9-1-2 所示。

图 9-1-2　数据分析

第二步：在"指数平滑法"对话框"输入区域"选择原始数据所在的单元格区域 B2：B14"，"阻尼系数"中输入"0.3"，"输入区域"选择单元格"C4"，同时选择"图表输出"和"标准误差"复选框，点击确定按钮。指数平滑数据分析过程，如图 9-1-3 所示。

图 9-1-3　指数平滑数据分析过程

第三步：此时，单元格"C4"给出了一次指数平滑法的预测值，单元格区域"D5：D14"给出了预测的标准差，实际值以及一次指数平滑法法预测值同时以图表形式给出。图表输出结果，如图 9-1-4 所示。

月份	实际物流成本	指数平滑法	标准误差
1	102		
2	106	102	
3	108	104.8	
4	104	107.04	
5	102	104.912	3.439069642
6	106	102.8736	3.052940877
7	116	105.06208	3.027414792
8	120	112.718624	6.779680791
9	130	117.8155872	7.798096078
10	122	126.3446762	10.34595647
11	132	123.3034028	8.570386274
12	134	129.3910209	8.999387539

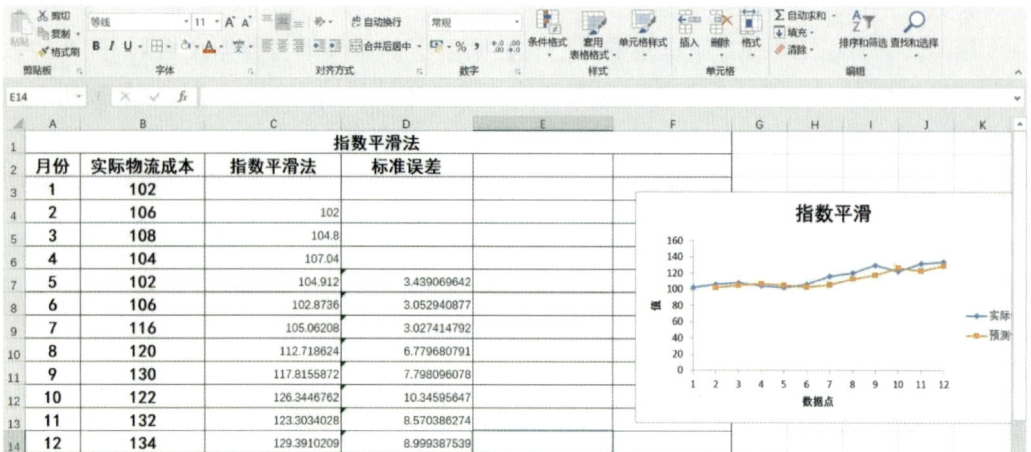

图 9-1-4　图表输出结果

三、 指数平滑法应用注意事项

指数平滑法的计算中，关键是 α 的取值大小，但 α 的取值又容易受主观影响，因此合理确定 α 的取值方法十分重要，一般来说，如果数据波动较大，α 值应取大一些，可以增加近期数据对预测结果的影响。如果数据波动平稳，α 值应取小一些。理论界一般认为有以下方法可供选择：

指数平滑法
预测演示过程

1. 经验判断法

这种方法主要依赖于时间序列的发展趋势和预测者的经验做出判断。

（1）当时间序列呈现较稳定的水平趋势时，应选较小的 α 值，一般可在 $0.05\sim0.20$ 之间取值。

（2）当时间序列有波动，但长期趋势变化不大时，可选稍大的 α 值，常在 $0.1\sim0.4$ 之间取值。

（3）当时间序列波动很大，长期趋势变化幅度较大，呈现明显且迅速上升或下降趋势时，宜选择较大的 α 值，如可在 $0.6\sim0.8$ 间选值，以使预测模型灵敏度高些，能迅速跟上数据的变化。

（4）当时间序列数据是上升（或下降）的发展趋势类型，α 应取较大的值，在 $0.6\sim1$ 之间。

2. 试算法

根据具体时间序列情况，参照经验判断法，来大致确定额定的取值范围，然后取几个 α 值进行试算，比较不同 α 值下的预测标准误差，选取预测标准误差最小的 α。

在实际应用中预测者应结合对预测对象的变化规律做出定性判断且计算预测误差，并要考虑到预测灵敏度和预测精度是相互矛盾的，必须给予二者一定的考虑，采用折中的 α 值。

178

![任务实施图标] **任务实施**

步骤一：实析任务真调研。

请同学们秉承求真务实的态度针对物流公司物流成本构成及现状进行调研，可选取一家企业或多家企业完成调研任务。物流成本预测分析任务调研分析表见表9-1-3。

表9-1-3　　　　　　　　　　物流成本预测分析任务调研分析表

调研内容	调研方案	撰写报告
物流成本构成内容		
企业物流成本计算方法		课前自主完成
降低物流成本方法		

步骤二：学思践悟定模型。

思考引导问题1、2，构建指数平滑预测分析模型。

引导问题1：复兴速达物流公司物流成本包括哪些内容？

引导问题2：利用指数平滑法进行物流公司物流成本预测分析需要确定的关键步骤是什么？（　　）

A. 确保历史数据的真实性　　　　　B. 历史数据和预测数据加权平均

C. 确定平滑系数　　　　　　　　　D. 以上都对

步骤三：巧用工具析数据。

请同学们利用数据分析工具"指数平滑"完成复兴速达物流公司物流成本预测分析。具体操作过程如下：

指数平滑法是通过导入平滑系数对上期实际物流成本和上期的预测物流成本进行加权平均，并将其作为下期的预测物流成本。

其计算公式为：$M_1 = \alpha x_1 + (1-\alpha) M_0$，$(0 \leq \alpha \leq 1)$

其中，M_1 为本期预测值；M_0 为上期预测值；x_1 为上期实际数；α 为平滑系数，一般在 $0.3 \sim 0.7$。

步骤四：践行方案育匠心。

请同学们秉承守正创新的态度针对物流公司物流成本进行预测分析，撰写任务决策方案。物流成本预测分析表见表9-1-4。

表 9-1-4　　　　　　　　　　　　　　物流成本预测分析表

工作内容	工作步骤	完成要求
物流成本预测结果分析	（1）误差分析 （2）可行性分析	课后自主完成
降低物流成本的建议	（1）低碳环保 （2）节约运力 （3）可持续性发展	

任务评价

任务评价的重要性，任务实现的关键在于决策变量定义、数据分析准确度；任务执行效率高的关键在于 EXCEL 中函数调用、数据强制引用的操作技巧。请对照任务标准进行评分，完成物流成本预测分析任务检查记录工作单，见表 9-1-5。

表 9-1-5　　　　　　　　　物流成本预测分析任务检查记录工作单

检查项目	评分标准	任务标准	记录评分
EXCEL 数据分析工具"指数平滑"（40 分）	（1）模型数据录入准确（20 分） （2）平滑系数与阻尼系数的确定（20 分）		
预测分析结果检查（60 分）	（1）数据区域选择（30 分） （2）勾选图表输出和标准误差（30 分）		

根据执行任务中出现的问题，精心提炼并记录易错点及改进要点，填入物流成本预测分析任务易错点总结，见表 9-1-6。为进一步的学习积累经验，小组负责人签字。

表 9-1-6　　　　　　　　　物流成本预测分析任务易错点总结

工作分工	工作内容	工作步骤	易错点总结	改进要点
小组名称	EXCEL 数据分析	（1）准确录入数据 （2）确定阻尼系数 （3）图表输出		
	最优方案分析	（1）误差分析 （2）预测结果分析		

按照数学建模、数据分析和职业素养进行检查，在考核评价表格中进行记录、评分。评分采取扣分制，每项扣完为止。物流成本预测分析任务考核评价表，见表 9-1-7。

表 9 - 1 - 7 物流成本预测分析任务考核评价表

项目名称	评价内容	分值	评价分数		
			自评	互评	师评
职业素养考核项目 40%	穿戴规范、整洁	6分			
	安全意识、责任意识、节约意识	6分			
	积极参加教学活动，按时完成学生工作活页	10分			
	团队合作、与人交流能力	6分			
	劳动纪律	6分			
	生产现场管理7S标准	6分			
专业能力考核项目 60%	数学建模	20分			
	数据分析	30分			
	优化决策	10分			
总分					
总评	自评（20%）＋互评（20%）＋师评（60%）	综合等级	教师（签名）：		

🌱 **素养成长园地**

京东物流供应链解决方案的客户主要分布在六大行业：快消、家电家具、服装、3C、汽车、生鲜，京东物流在进入到每个行业中，都会选择先拿下一家头部客户，从0到1为这个客户定制解决方案，打造出一个标杆，同时沉淀出通用的标准化方案，再拿着这个标杆客户和标准化的解决方案去渗透中小客户。比如汽车行业，京东物流先是拿下了沃尔沃汽车这个客户，从0到1打造了汽车后市场领域的一体化供应链标杆项目，接下来才去服务了长城、五菱。

绿色快递–高质量发展的助推器

做供应链解决方案需要什么呢？除了物流领域的货物运输之外，主要就是抽象业务逻辑，拿到足够多的数据，再通过算法预测分析来辅助人工进行运营决策。

精准预测助力九阳豆浆机降低货物搬运成本

九阳豆浆机的工厂在杭州，还有两个代理商，代理商 A 的仓库在广州，代理商 B 仓库在北京。如果北京的用户在代理商 A 那里买了九阳豆浆机，则需要从广州发货；如果广州的用户在代理商 B 那里买，则需要从北京发货。京东物流的供应链团队发现了这个现象之后，就找到它说，不要让代理商自己备货了，京东帮他们配货，用户不管在哪个代理商那里下单，都可以帮他们发货。然后京东物流的供应链团队通过往年销售数据预测到 618 期间北京会卖三万台

181

豆浆机、广州会卖两万台，就提前让杭州工厂分别往两个地方发货。大促开始之后，不管用户是在哪个代理商那里下单，发货请求都会由京东物流的供应链系统来处理，北京的用户下单就从北京仓库发，广州的用户下单就从广州的仓库发。整体算下来，不但物流费用低了，用户收到货的速度也快了。核心解决的是"降低货物搬运成本"问题，搬运距离越短、次数越少，当然费用也就越低。

任务二　用一元线性回归方法预测分析物流企业碳排放量

职业技能目标

通过训练，使学生能够利用一元线性回归分析法完成企业物流碳排放量的数据分析、预测等任务，培养学生理解国家"双碳"战略目标，具备降本增效的节约意识，可持续发展理念，使学生能够具有独立完成企业物流碳排放量预测分析的能力，达到为企业制定最优预测分析方案的工作职责目标。

任务描述

复兴速达物流公司为客户提供多产品物流服务。企业拥有自有车辆，自建仓库 B2B 和自建仓库 B2C。该公司碳排放总量的主要因素包括自有车辆二氧化碳排放量，自营仓库的碳排放量。物流企业的碳排放量可以按照每吨二氧化碳当量（tCO2e）计算。因此，可以按照货物重量（吨）进行碳排放量的计算。根据历史数据统计得出该公司 2015—2020 年碳排放数据，见表 9-2-1。

表 9-2-1　　　　　　　　　物流公司 2015—2020 年碳排放数据

年　份 碳排放量（kg）	2015	2016	2017	2018	2019	2020
物流业务量（万吨）	14.6	15.1	15.7	16.2	16.8	17.2
自有车辆碳排放量	943.76	989.42	1059.36	1134.65	1156.32	1271.93
自营仓库 B2B 碳排放量	102.17	120.40	136.77	143.49	154.21	161.59
自营仓库 B2C 碳排放量	89.56	97.47	102.63	113.56	127.38	134.67
碳排放量合计	1135.49	1207.29	1298.76	1391.7	1437.91	1568.19

请用一元线性回归预测 2021 年碳排放量。

任务分解

本项任务共分 4 个部分完成，每一部分均包含 3 个步骤。一是针对物流公司碳排放量现状进行调研，分析预测分析物流公司碳排放量的重要性，可分为制定调研方案，采用文献调研法、实地调研法等实施调研，最后撰写调研报告；二是针对实际任务利用定量分析法进行预测分析，三是用 EXCEL 数据分析工具完成预测分析任务，具体包括录入数学模型相关数据，在 EXCEL 中选择数据分析工具"回归"，生成预测分析结果；四是物流公司碳排放量决策方案分析，首先对可行方案进行对比分析，然后结合企业实际情况选择最优方案，最后给出决策方案及建议。物流公司碳排放量预测分析任务分解单如图 9-2-1 所示，请参考任务分解单，完成物流公司碳排放量预测分析方案。

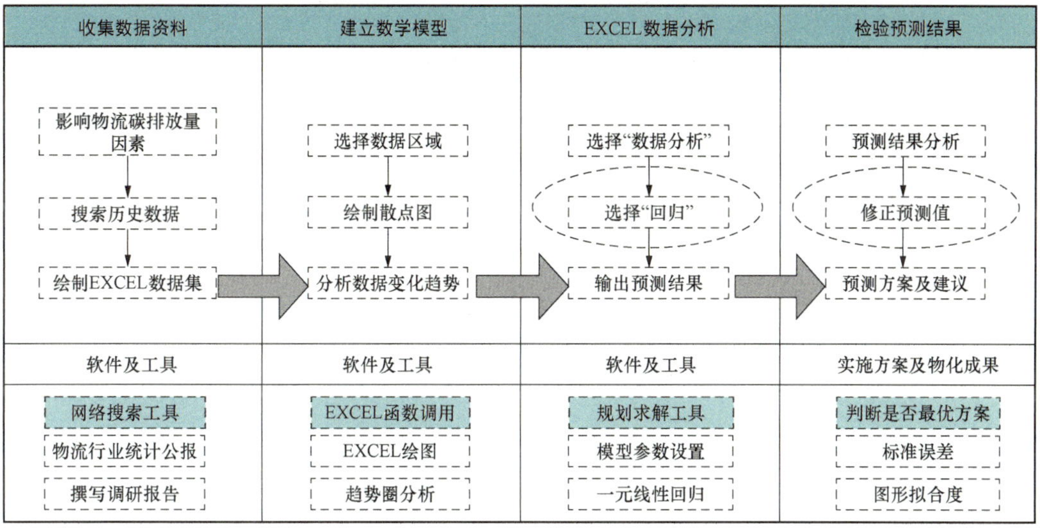

图 9-2-1　物流公司碳排放量预测分析任务分解单

【知识学习】回归分析法

定量预测法是指对物流系统进行定量预测，是利用历史统计资料以及物流目标与影响因素之间的数量关系，通过建立一定的数学模型来计算未来发展的可能结果。

定量预测常用方法包括：高低点法、回归分析法、时间序列法。

回归分析法是一个统计学线性模型，用于计量一个或多个自变量每变动一个单位导致因变量发生变动的平均值。用于估计一个自变量和因变量之间的关系称为简单线性回归，用于估计多个自变量和因变量之间的关系称为多元线性回归。

回归分析只涉及两个变量的，称一元回归分析。一元回归的主要任务是从两个相关变量中的一个变量去估计另一个变量，被估计的变量，称因变量，可设为 Y；估计出的变量称自变量，设为 X。回归分析就是要找出一个数学模型 $Y=f(X)$，使得从 X 估计 Y 可以用一个函数式去计算。当 $Y=f(X)$ 的形式是一个直线方程时，称为一元线性回归。这个方程一般可表示为 $Y=A+BX$。根据最小平方法或其他方法，可以从样本数据确定常数项 A 与回归系数 B 的值。A、B 确定后，有一个 X 的观测值，就可得到一个 Y 的估计值。回归方程是否可靠，估计的误差有多大，都还应经过显著性检验和误差计算。有无显著的相关关系以及样本的大小等等，是影响回归方程可靠性的因素。线性回归分析见表 9-2-2。

其计算公式为

$$\sum y = na + b\sum x$$

$$\sum xy = a\sum x + b + \sum x^2$$

式中　y——第 i 期的物流配送成本；

　　　x——第 i 期的配送次数。

表 9-2-2　　　　　　　　　　线 性 回 归 分 析　　　　　　　　　　（单位：元）

月份	次数 x	配送总成本 y	xy	$x2$	$y2$
1	6	1500	9000	36	2 250 000
2	5	1200	6000	25	1 440 000
3	7	1600	11 200	49	2 560 000
4	8	1800	14 400	64	3240 000
5	10	2000	20 000	100	4 000 000
6	9	1900	17 100	81	3 610 000
合计 Σ	45	10 000	77 700	355	17 100 000

$$a = \frac{\sum x_j^2 \sum x_i \sum x_i y_i}{n\sum x_j^2 - (\sum x_i)^2}, b = \frac{n\sum x_i y_i - \sum x_i \sum y_i}{n\sum x_j^2 - (\sum x_j)^2} \ \text{或} \ b = \frac{\sum y - na}{\sum x_i}$$

$$b = \frac{n\sum x_i y_i - \sum x_i \sum y_i}{n\sum x_j^2 - (\sum x_j)^2}$$

所以，回归方程为

$$y = 509 + 154X$$

把预计 7 月份配送次数 12 次代入回归方程即可得出成本预测值为

$$y = 509 + 154 \times 12 = 2357(元)$$

🛠️ **任务实施**

步骤一：实析任务真调研。

请同学们秉承求真务实的态度针对物流公司碳排放量现状进行调研，确认影响物流公司碳排放量的主要因素。可选取一家企业或多家企业完成调研任务。

思考回答引导问题 1、2，并查询数据，填写影响物流公司碳排放量的因素分析（见表 9-2-3）和调研当前减少碳排量的方法（见表 9-2-4）。

引导问题 1：

影响物流公司碳排放量的因素有哪些？为什么？

引导问题 2：

预测的时间维度不同，对数据指标的要求有哪些方面的不同？

线性回归
方案分析

表 9 - 2 - 3 影响物流公司碳排放量的因素分析

序号	影响物流公司 碳排放量的因素	可说明该因素的 数据指标	促进碳排放/ 减少碳排放	数据获得方式
1				
2				
3				
4				
5				
6				
7				
8				
……				

表 9 - 2 - 4 调研当前减少碳排量的方法

调研内容	调研方案	撰写报告
国家"双碳"目标		
物流公司碳排放量计算方法		课前自主完成
物流公司减少碳排放量方案		

步骤二：学思践悟定模型。

思考引导问题1、2、3，构建一元线性回归预测模型。

引导问题1：通过数据查询，整理出复兴速达物流公司 2015—2020 年碳排放量，见表 9 - 2 - 1，物流公司碳排放量应如何计算？

引导问题2：自有车辆碳排放量和自营仓库 B2B 碳排放量这两组数据（见表 9 - 2 - 1）是否能够衡量出物流企业碳排放量？为什么？

引导问题3：利用一元线性回归进行物流公司碳排放量预测分析需要确定的关键步骤是什么？（ ）

A. 确保历史数据的真实性   B. 确定自变量

C. 确定因变量   D. 以上都对

步骤三：巧用工具析数据。

第一步：点击 EXCEL 菜单栏中【工具】菜单下的子菜单【数据分析】；打开"数据分析"对话框；从"分析工具"列表中选择"回归"，点击【确定】按钮。

第二步：在"回归"对话框"自变量X"选择自变量X所在的单元格区域，勾选"标志"选择框；选择"因变量Y"单元格；自选输出区域选择单元格，同时选择"图表输出"和"标准误差"复选框，点击确定按钮。

第三步：分析一元线性回归方法的预测结果，预测结果标准差，一元线性回归拟合图形。

第四步：假设2021年复兴速达物流公司物流业务量为18万吨，则代入一元线性回归方程，可预测出2021公司碳排放量。

步骤四：践行方案育匠心。

请同学们秉承守正创新的态度针对物流公司碳排放量方案进行决策分析，撰写任务决策方案物流公司碳排放量预测分析决策分析表见表9-2-5。

表9-2-5　　　　　物流公司碳排放量预测分析决策分析表

工作内容	工作步骤	完成要求
物流公司碳排放量预测结果分析	（1）误差分析 （2）可行性分析	课后自主完成
物流公司减少碳排放量的建议	（1）低碳环保 （2）节约运力 （3）"双碳"目标	

任务评价

任务评价的重要性，任务实现的关键在于决策变量定义、数据分析准确度；任务执行效率高的关键在于EXCEL中函数调用、数据强制引用的操作技巧。请对照任务标准进行评分，完成物流公司碳排放量预测分析任务检查记录工作单，见表9-2-6。

表9-2-6　　　　　物流公司碳排放量预测分析任务检查记录工作单

检查项目	评分标准	任务标准	记录评分	
模型检查 （20分）	（1）因变量（10分） （2）自变量（10分）	定义自变量：复兴速达物流公司物流业务量 定义因变量：复兴速达物流公司物流碳排放量		
EXCEL数据分析检查 （30分）	（1）模型数据录入准确（10分） （2）自变量单元格定义准确（10分） （3）因变量数据准确（10分）			

检查项目	评分标准	任务标准	记录评分
回归分析检查 （50分）	（1）预测结果准确（20分） （2）输出标准误差（20分） （3）拟合图形（10分）		

根据执行任务中出现的问题，精心提炼并记录易错点及改进要点，填入物流公司碳排放量预测分析任务易错点总结，见表9-2-7。为进一步的学习积累经验，小组负责人签字。

表9-2-7　　　　　　　物流公司碳排放量预测分析任务易错点总结

工作分工	工作内容	工作步骤	易错点总结	改进要点
小组名称	EXCEL数据分析	（1）准确录入数据 （2）确定回归变量 （3）图表输出		
	最优方案分析	（1）误差分析 （2）预测结果分析		

按照数学建模、数据分析和职业素养进行检查，在考核评价表格中进行记录、评分。评分采取扣分制，每项扣完为止。物流公司碳排放量预测分析任务考核评价表，见表9-2-8。

表9-2-8　　　　　　　物流公司碳排放量预测分析任务考核评价表

项目名称	评价内容	分值	评价分数		
			自评	互评	师评
职业素养考核项目40%	穿戴规范、整洁	6分			
	安全意识、责任意识、节约意识	6分			
	积极参加教学活动，按时完成学生工作活页	10分			
	团队合作、与人交流能力	6分			
	劳动纪律	6分			
	生产现场管理7S标准	6分			

続表

项目名称	评价内容	分值	评价分数		
			自评	互评	师评
专业能力考核项目60%	数学建模	20分			
	数据分析	30分			
	优化决策	10分			
	总分				
总评	自评（20%）＋互评（20%）＋师评（60%）	综合等级	教师（签名）：		

智能预测助力包裹速达

任务三　用二元线性回归方法预测分析医药冷链物流费用

职业技能目标

通过训练，使学生能够利用二元线性回归分析法完成医药冷链物流费用的数据分析、预测等任务，培养学生理解国家"双碳"战略目标，具备降本增效的节约意识，可持续发展理念，使学生能够具有独立完成医药冷链物流费用预测分析的能力，达到为企业制定最优预测分析方案的工作职责目标。

任务描述

复兴速达物流公司拟定成立医药冷链物流中心，现需要对中国医药冷链物流市场做进一步分析，通过《中国医药物流发展报告（2020）》等资料进行调研，统计得到2016—2022年度中国医药冷链物流费用见表9-3-1。

表9-3-1　　　　　　　　2016—2022年度中国医药冷链物流费用

年份	2016	2017	2018	2019	2020	2021	2022
医药冷链物流费用（亿元）	105.72	119.22	130.14	137.65	173.17	201.42	246
医药冷链物流销售额（亿元）	2296.71	2509.89	2827.07	3395.03	3903.4	4814	5446
医药冷链物流中心数量（个）	674	1115	1132	1138	1170	1222	1272

188

任务目标是能够根据已有数据使用二元线性回归方法预测 2023 年度医药冷链物流费用，假设 2023 年度医药冷链物流销售额及医药冷链物流中心数量增加幅度均为 10%。

任务分解

本项任务共分 4 个部分完成，每一部分均包含 3 个步骤。一是针对医药冷链物流费用现状进行调研，分析预测分析医药冷链物流费用的重要性，可分为制定调研方案，采用文献调研法、实地调研法等实施调研，最后撰写调研报告；二是针对实际任务利用定量分析法进行预测分析，三是用 EXCEL 数据分析工具完成预测分析任务，具体包括录入数学模型相关数据，在 EXCEL 中选择数据分析工具"回归"，生成预测分析结果；四是医药冷链物流费用决策方案分析，首先对可行方案进行对比分析，然后结合企业实际情况选择最优方案，最后给出决策方案及建议。医药冷链物流费用预测分析任务分解单如图 9-3-1 所示，请参考任务分解单，完成医药冷链物流费用预测分析方案。

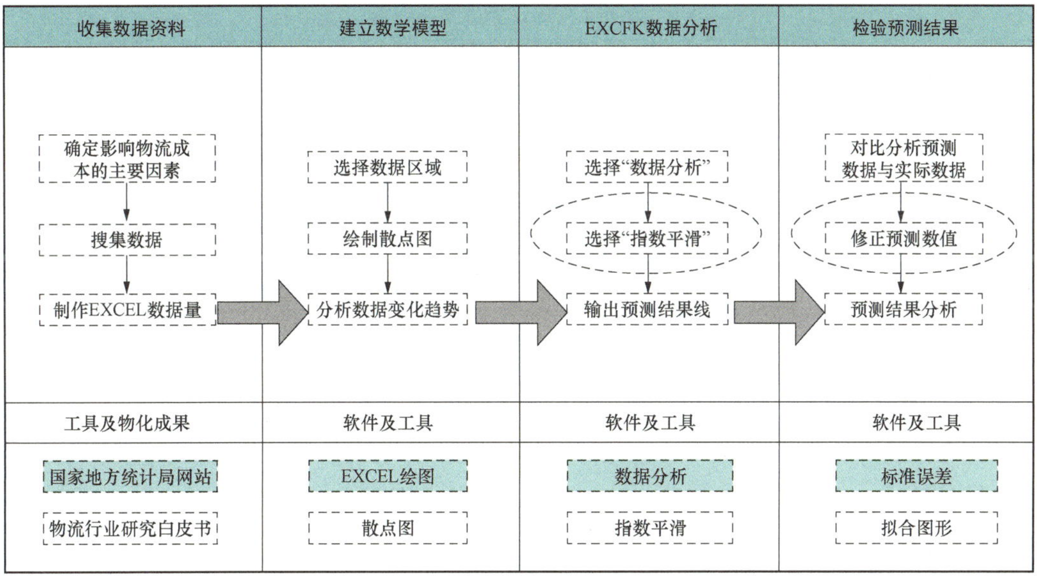

图 9-3-1　医药冷链物流费用预测分析任务分解单

任务实施

步骤一：实析任务真调研。

请同学们秉承求真务实的态度针对医药冷链物流费用现状进行调研，确认影响医药冷链物流费用的主要因素。可选取一家企业或多家企业完成调研任务。

思考回答引导问题 1、2，并查询数据，填写影响医药冷链物流费用的因素分析（见表 9-3-2）和调研当前减少物流费用的方法（见表 9-3-3）。

引导问题 1：影响医药冷链物流费用的因素有哪些？为什么？

引导问题 2：预测的时间维度不同，对数据指标的要求有哪些方面的不同？

表 9-3-2　　　　　　　　　　影响医药冷链物流费用的因素分析

序号	影响医药冷链物流费用的因素	可说明该因素的数据指标	促进碳排放/减少碳排放	数据获得方式
1				
2				
3				
4				
5				
6				
7				
8				
……				

表 9-3-3　　　　　　　　　　调研当前减少物流费用的方法

调研内容	调研方案	撰写报告
智慧冷链物流战略规划		
医药冷链物流费用计算方法		课前自主完成
降低冷链物流费用方法		

步骤二：学思践悟定模型。

思考引导问题1、2、3，构建二元线性回归预测模型。

引导问题1：通过数据查询，整理出复兴速达物流公司2015—2020年冷链物流费用，见表9-3-1，医药冷链物流费用应如何计算？

引导问题2：医药冷链物流销售额（亿元）、医药冷链物流中心数量这两组数据是否能够影响物流企业冷链物流费用？为什么？

引导问题3：利用二元线性回归进行医药冷链物流费用预测分析需要确定的关键步骤是什么？

步骤三：巧用工具析数据。

医药冷链物流预测分析

190

第一步：点击 EXCEL 菜单栏中【工具】菜单下的子菜单【数据分析】；打开"数据分析"对话框；从"分析工具"列表中选择"回归"，点击【确定】按钮。

第二步：在"回归"对话框"自变量 X"选择自变量 X 所在的单元格（两个自变量对应两行数据），勾选"标志"选择框；选择"因变量 Y"选择单元格；任选输出区域选择单元格，同时选择"图表输出"和"标准误差"复选框，点击确定按钮。

第三步：观察二元线性回归方法的预测结果及标准差，二元线性回归方法预测值同时以图表形式给出。由此得出二元线性回归直线方程。

第四步：假设 2023 年度医药冷链物流销售额及医药冷链物流中心数量增加幅度均为 10%，预测 2023 年度医药冷链物流费用。

步骤四：践行方案育匠心。

请同学们秉承守正创新的态度针对医药冷链物流费用方案进行决策分析，撰写医药冷链物流费用预测分析任务决策方案见表 9-3-4。

表 9-3-4　　　　医药冷链物流费用预测分析任务决策方案

工作内容	工作步骤	完成要求
医药冷链物流费用预测结果分析	（1）误差分析 （2）可行性分析	课后自主完成
降低医药冷链物流费用的建议及对策	（1）低碳环保 （2）节约运力 （3）"双碳"目标	

任务评价

任务评价的重要性，任务实现的关键在于决策变量定义、数据分析准确度；任务执行效率高的关键在于 EXCEL 中函数调用、数据强制引用的操作技巧。请对照任务标准进行评分，完成医药冷链物流费用预测分析任务检查记录工作单，见表 9-3-5。

表 9-3-5　　　　医药冷链物流费用预测分析任务检查记录工作单

检查项目	评分标准	任务标准	记录评分
模型检查 （20分）	（1）因变量（10分） （2）第 1 自变量（5分） （3）第 2 自变量（5分）	定义自变量： （1）医药冷链物流销售额（亿元） （2）医药冷链物流中心数量 定义因变量：医药冷链物流费用	

检查项目	评分标准	任务标准	记录评分
EXCEL 数据分析检查（30分）	（1）模型数据录入准确（10分） （2）自变量单元格定义准确（10分） （3）因变量数据准确（10分）		
回归分析检查（50分）	（1）预测结果准确（20分） （2）输出标准误差（20分） （3）拟合图形（10分）		

根据执行任务中出现的问题，精心提炼并记录易错点及改进要点，填入医药冷链物流费用预测分析任务易错点总结，见表9-3-6。为进一步的学习积累经验，小组负责人签字。

表9-3-6 医药冷链物流费用预测分析任务易错点总结

工作分工	工作内容	工作步骤	易错点总结	改进要点
小组名称	EXCEL 数据分析	（1）准确录入数据 （2）确定回归变量 （3）图表输出		
	最优方案分析	（1）误差分析 （2）预测结果分析		

按照数学建模、数据分析和职业素养进行检查，在考核评价表格中进行记录、评分。评分采取扣分制，每项扣完为止。物流公司碳排放量预测分析任务考核评价表，见表9-3-7。

表9-3-7 医药冷链物流费用预测分析任务考核评价表

项目名称	评价内容	分值	评价分数		
			自评	互评	师评
职业素养考核项目 40%	穿戴规范、整洁	6分			
	安全意识、责任意识、节约意识	6分			

项目名称	评价内容	分值	评价分数		
			自评	互评	师评
职业素养 考核项目 40%	积极参加教学活动，按时完成学生工作活页	10分			
	团队合作、与人交流能力	6分			
	劳动纪律	6分			
	生产现场管理7S标准	6分			
专业能力考核 项目60%	数学建模	20分			
	数据分析	30分			
	优化决策	10分			
总分					
总评	自评（20%）＋互评（20%）＋师评（60%）	综合等级	教师（签名）：		

🌱 **素养成长园地**

新一轮科技浪潮正在席卷全球，突破性技术集群不断涌现，产业形态以智能化、网络化、数字化为核心特征，正在开启前所未有的巨变。可以说，世界经济即将进入新的历史分流节点，正如经济史上农业、工业、服务业三次产业大分化那般，新的主导产业的诞生，必将开辟人类历史上又一个崭新时代。

冷链物流运筹规划-应对冬奥会的大考

随着第三次工业革命的信息化进程，人类社会逐渐从工业化向网络化、数字化过渡，人们的物质、精神、行为活动都通过数据这个虚拟事物全面映射，形成了网络空间的虚拟平行世界。"数化万物，万物皆数"，数据精妙地串联起虚拟时空和现实世界，毕达哥拉斯学派的哲学理念逐步成为现实。数据技术和基础设施蓬勃发展。全球半导体设备、应用材料技术等"硬科技"加速更新换代，从硅基半导体到氮化镓等第三代半导体，传统半导体材料不断突破和丰富。伴随着计算原理的突破，量子芯片也正在加速演进。大数据、云计算、人工智能等极大拓展计算、存储、感知能力。数据的赋能、赋值、赋智作用日益凸显，应用场景不断拓展。农业领域，车间农业、认养农业、

第四产业-数据业

云农场等新业态和新模式方兴未艾；工业领域，智能硬件、可穿戴设备、智能网联汽车等技术层出不穷；消费领域，"数据＋"催生的新业态不断激发消费市场活力，居民消费加速向线上迁移；金融领域，移动支付全面推进，数字人民币试点提速，金融服务中小微企业的精准性显著提升；公共领域，数字政府建设取得重要突破，政府管理和社会治理能力明显增强。

在这新一轮科技革命和产业变革孕育突破的重要窗口期，新技术群体涌现、交叉融合、加速迭代，商业化应用场景不断拓展，科技、场景、产业"三大变革"可能同步爆发，第四产业在哪里的答案呼之欲出。我们借鉴库兹涅茨产业分类理论，比较分析了信息产业、金融产业、绿色产业等作为第四产业"各个选项"的不足，从产业演进的递进性、引领性、可区分性、产业有形性四个维度论证了数据业是第四产业的最优解，并参照波拉特范式，对数据业进行精准画像，建立了数据业认定、核算的理论框架。

霍金说过，"人工智能的崛起，要么是人类历史上最好的事，要么是最糟的。人工智能有可能是人类文明史的终结，除非我们学会如何避免危险"。悲剧性的二律背反是历史前进的必然，数据业提供了经济发展新动能、民生改善新红利、社会治理新方式，也会带来发展的另一面，数字鸿沟、数据安全、数据断、数据伦理等将成为人类社会必须面对的新挑战。希望在未来数据业发展实践中，人类能更好地统筹发展安全，平衡融合好新事物的"工具理性"和"价值理性"，开创更加健全、更经得起考验的数字文明。

参 考 文 献

［1］胡运权．运筹学教程［M］．北京：高等教育出版社，2005．

［2］韩伯棠．管理运筹学［M］．北京：高等教育出版社，2020．

［3］张丽，李程，邓世果．高级运筹学［M］．南京：南京大学出版社，2021．

［4］徐选华，谭春桥，马本江，等．管理运筹学［M］．北京：人民邮电出版社，2018．

［5］沈家骅．现代物流运筹学［M］．北京：电子工业出版社，2011．

［6］《运筹学》编写组．运筹学［M］．北京：清华大学出版社，1990．

［7］张莹．运筹学基础［M］．北京：清华大学出版社，2002．

［8］袁亚湘，孙文瑜．最优化理论与方法［M］．北京：科学出版社，1999．

［9］梁工谦．运筹学—典型题解析集自测试题［M］．西安：西北工业大学出版社，2002．

［10］徐永仁．运筹学试题精选与答题技巧［M］．哈尔滨：哈尔滨工业大学出版社，2000．

［11］徐玖平，胡知能，王綖．运筹学［M］．2版．北京：科学出版社，2004．

［12］刘满风，傅波，聂高辉．运筹学模型与方法教程—例题分析与题解［M］．北京：清华大学出版
社，2001．

［13］胡运权．运筹学习题集［M］．北京：清华大学出版社，2002．

［14］David R. Anderson，Dennis J. Sweeney，Thomas A. Williams．数据、模型与决策［M］．北京：
机械工业出版社，2003．